电子商务运营推广

主　编　钟卫敏
副主编　杨琼兰　张婉茹　柯文华
　　　　陈善焜
参　编　许茵茵　伊芳芳　郑珠凤
　　　　郭学超　陈柳伊　庄清锴
　　　　叶炎珠

北京理工大学出版社
BEIJING INSTITUTE OF TECHNOLOGY PRESS

内容简介

本教材聚焦职业院校电子商务专业教学需求，构建"基础认知—策略实施—创新运营"的三维知识体系，融合理论深度与实践价值。本教材涵盖电子商务基础、市场营销基础、网络营销方法体系、电子商务运营与管理等内容，详解经典模式与社交电子商务、直播电子商务等新业态，贯穿核心理论，配套虚拟商城运营系统等数字化资源，打造"教、学、做"一体化实训体系。

本教材践行产教融合，引入头部电商平台真实案例，对接《电子商务师国家职业技能标准》，强化实操性；融入课程思政，铸牢职业根基，培养德技并修的电子商务高素质技术技能人才。

图书在版编目（CIP）数据

电子商务运营推广 / 钟卫敏主编 . -- 北京 : 北京理工大学出版社，2025. 8.
ISBN 978-7-5763-5770-7

Ⅰ. F713.365.1

中国国家版本馆 CIP 数据核字第 2025GJ9474 号

责任编辑： 王梦春   **文案编辑：** 代义国
责任校对： 周瑞红   **责任印制：** 施胜娟

出版发行 / 北京理工大学出版社有限责任公司

社　　址 / 北京市丰台区四合庄路 6 号

邮　　编 / 100070

电　　话 / （010）68914026（教材售后服务热线）
　　　　　　（010）63726648（课件资源服务热线）

网　　址 / http://www.bitpress.com.cn

版 印 次 / 2025 年 8 月第 1 版第 1 次印刷

印　　刷 / 定州市新华印刷有限公司

开　　本 / 889 mm × 1194 mm　1/16

印　　张 / 9.5

字　　数 / 180 千字

定　　价 / 45.00 元

PREFACE

前 言

在数字经济浪潮席卷全球的背景下，电子商务已成为推动产业升级、促进就业创业的核心引擎。我国职业教育作为培养高素质技术技能人才的主阵地，亟须构建与行业发展趋势同频共振的教材体系。本教材旨在为3+4中本贯通班学生和普通中职学生提供一套兼具理论深度与实践价值的系统性学习资源。本教材的内容特色体现在以下三方面。

一、立足行业前沿

本教材以"岗位主导、能力本位"为核心理念，构建"基础认知—策略实施—创新运营"的三维知识体系，从电子商务基础概念入手，逐步深入市场营销基础、网络营销方法体系，最终聚焦电子商务运营与管理的全流程实践。此内容设计兼顾了中本贯通班学生对理论深度的需求，也符合普通中职学生对知识体系化学习的要求。

二、践行产教融合

本教材深度践行产教融合机制，不仅提供京东、拼多多等头部电商平台真实运营案例，还将行业最新标准融入教材，确保教学内容与《电子商务师国家职业技能标准》紧密衔接。本教材特别设置了实操部分，增强其学术严谨性与行业实操性。丰富的案例和行业标准的对接，能帮助学生在实践中巩固理论知识，为升学或就业打下坚实基础。

三、融入素质教育

本教材深入贯彻职业教育"三全育人"要求，将素质教育与专业教育有机融合，在各模块自然融入素质教育。例如，通过介绍"电商诚信典型案例"，强化学生遵纪守法、诚信为本的职业操守；引入"拼多多社交裂变模式"等前沿案例，激发学生数字商业创新思维，全面落实立德树人的根本任务，着力培养德技并修的电子商务高素质技术技能人才。这一方面有助于中本贯通班学生在理论学习的同时，提升综合素质，为未来发展奠定良好基础，另一方面也有效培养普通中职学生的职业道德和创新能力。

　　本教材由职业院校专业教师与企业电商运营专家共同编写，并得到泉州职业技术大学各位老师的悉心指导，得到厦门易普道信息科技公司的大力支持，配套仿真模拟软件增强实践性。在教材编写过程中，我们参考了大量的文献资料，借鉴和吸收了国内外众多学者的研究成果，在此对相关文献的作者表示诚挚的感谢。由于编写时间仓促，书中难免存在疏漏之处，敬请广大读者批评、指正，以便后续修订、完善。

编　者

目录 CONTENTS

实 操 篇

理论篇

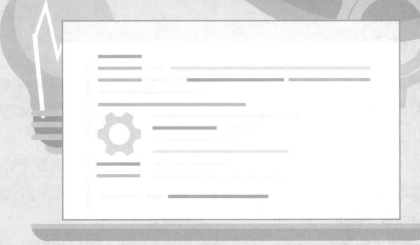

职业模块一

电子商务基础

培训课程 1　职业道德与基础知识

学习单元 1　行业认知

一、电子商务的发展历程

电子商务的起源可追溯至 20 世纪 70 年代。电子数据交换（Electronic Data Interchange，EDI）技术的诞生，为企业间商业文件的电子化传输铺设了道路，它主要应用于大型企业的采购与运输流程，显著提升了交易的效率与精确度。

20 世纪 90 年代，随着互联网技术的普及和个人计算机的广泛应用，电子商务开始向大众市场拓展。亚马逊和易趣等标志性电子商务企业的成立，标志着互联网电子商务时代的正式开启，消费者可以通过网络购买各类产品，电子商务市场规模逐步扩大。

21 世纪移动互联网技术的迅猛发展，为电子商务的变革带来了更为深远的影响。智能手机的普及使得消费者可以随时随地进行购物，同时，社交电子商务、直播电子商务等新兴模式不断涌现，电子商务与线下实体商业的融合日益加深，为消费者提供了更加便捷和多样化的购物体验。电子商务的发展历程：从 EDI 到移动互联网如图 1-1-1 所示。

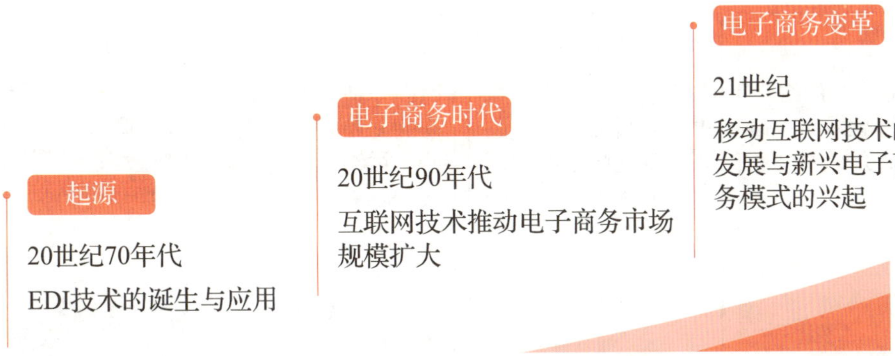

电子商务变革

21世纪
移动互联网技术的发展与新兴电子商务模式的兴起

电子商务时代

20世纪90年代
互联网技术推动电子商务市场规模扩大

起源

20世纪70年代
EDI技术的诞生与应用

图 1-1-1　电子商务的发展历程：从 EDI 到移动互联网

二、电子商务在各领域的应用案例

在零售领域，淘宝作为全球知名的电子商务平台，汇集了丰富的商品资源，包括服装、电子产品、家居用品等品类。通过大数据分析，淘宝实现了个性化推荐，能够为消费者提供精准的商品信息、便捷的购物流程和安全的支付方式，彻底改变了消费者的传统购物模式，让购物之旅变得前所未有的轻松与高效。

在金融领域，支付宝不仅提供了便捷、高效的网络支付解决方案，还推出了包括余额宝在内的多种金融理财产品。这些金融理财产品便于用户将他们的闲置资金进行投资，从而获得额外的收益。支付宝还为商家提供了全面的服务支持，包括但不限于私域运营、营销工具、支付产品、资金服务等功能，帮助商家更高效地管理自己的业务，如图 1-1-2 所示。

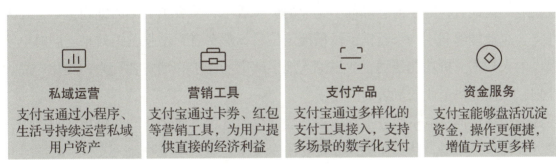

私域运营	营销工具	支付产品	资金服务
支付宝通过小程序、生活号持续运营私域用户资产	支付宝通过卡券、红包等营销工具，为用户提供直接的经济利益	支付宝通过多样化的支付工具接入，支持多场景的数字化支付	支付宝能够盘活沉淀资金，操作更便捷，增值方式更多样

图 1-1-2　支付宝为商家提供的部分服务支持

在物流领域，京东物流通过建立智能化仓储中心和高效的配送网络，利用电子商务平台实现了物流信息的实时跟踪和智能调度。京东物流凭借大数据的力量，精准预测消费者需求，优化库存布局，从而大幅提升了物流配送效率，有效削减了物流成本。同时，京东物流提供的仓配一体服务、快递快运服务、大件服务、冷链服务（图 1-1-3）进一步提高了消费者的购物体验。

仓配一体服务	快递快运服务	大件服务	冷链服务
面向企业客户的综合性、一体化及可定制的仓配服务	向企业及个人客户提供安全可靠、时效领先、专业贴心的快递及快运服务，以及在此基础上的多种增值服务	面向企业及个人客户的一站式大件仓储、运输、配送及安装服务	全流程、全场景的F2B2C一站式冷链服务，实现对商家与消费终端的安心交付

图 1-1-3　京东覆盖多元场景的物流服务

三、电子商务对消费者、企业和社会的影响

从消费者行为来看，消费者获取商品信息的途径变得更加多样化，他们可以通过网络便捷地比较不同品牌和商家的产品价格、质量和查看用户评价，使得购物决策过程更加透明和理性。消费者对个性化产品和服务的需求日益增长，更加重视购物体验和售后服务。例如，消费者期望能够定制符合个人需求的产品，并希望在购物过程中获得及时的客服支持和便捷的退换货服务。

就企业运营而言，电子商务降低了企业的运营成本，减少了实体店铺租金、销售人员薪资等开支。企业能够利用网络营销手段精准定位目标消费者，增强营销效果。同时电子商务平台提供的大数据分析功能帮助企业更深入地了解市场需求和消费者行为，优化产品设计和生产计划，从而加快企业的市场响应速度。

在社会经济层面，电子商务推动了经济全球化的进程，使企业能够跨越地理界限，将产品和服务推向全球市场，从而促进国际贸易的发展。它还带动了物流、支付、客服等相关产业的发展，创造了大量就业机会，特别是在电子商务运营、快递配送、客户服务等领域。此外，电子商务的兴起也促使政府加强对数字经济的监管和政策支持，推动相关法律法规的完善。

四、电子商务运营推广专项证书

专项能力鉴定考试是国家实施的检测各行各业技能操作水平的一种考试。该考试根据不同领域的应用情况，设计若干个实用应用模块，分别独立进行培训考核。以福建省电子商务运营推广专项证书为例，其旨在培养和认证具备电子商务基础理论知识、网站运营管理能力、网络推广能力、营销策划和数据分析能力的专业人才，以满足电子商务行业对高素质运营推广人才的需求。

政府方案

福建高职分类招考新策：强化技能赋分，拓宽升学通道

福建省教育厅近期调整了福建省高职院校分类考试招生实施办法，旨在优化人才选拔机制，拓宽中职学校学生升学通道。新政策坚持"文化素质＋职业技能"评价方式，通过改进职业技能考核方式，推进"岗课赛证"融合，鼓励学生提升职业素养和就业竞争力。其中，职业技能赋分成为新政策的一大亮点，它根据学生参加的职业院校技能竞赛、学习掌握的职业技能及考取的证书情况综合赋分，旨在全面、公正地评价学生的职业技能水平。职业技能赋分鼓励中职学校学生积极参加职业院校技能竞赛，学习多项职业技能，并考取国家职业资格、职业技能等级、专项职业能力等多种证书。

学习单元 2　职业认知

一、电子商务从业人员基本素养

随着电子商务的迅猛发展，新科技、新方法、新业务模式层出不穷，电子商务从业人员需要持续探索新领域、应对新挑战，并敏捷地构思出切实可行的解决方案。

（一）基本知识素养

1. 网络技术基础知识

随着互联网技术的快速发展，电子商务行业蓬勃兴起，而网络技术基础知识正是支撑这一发展的重要基石。因此，电子商务从业人员必须掌握网络技术基础知识，包括如何运用互联网进行市场调研与分析，以及如何使用常见的移动设备和PC端电子设备完成电子商务交易等。

2. 经济理论知识

经济环境是电子商务行业得以生存的外部条件之一，经济的快速发展不仅促进了电子商务行业的迅猛发展，还使得交易方式更加多样化。电子商务从业人员准确把握宏观经济形势、产业发展动向和消费行为特征，有利于制定出合适的营销策略和运营策略，从而更有效地推动电子商务行业的发展。

3. 相关法律知识

我国是一个法治国家，知法、懂法、守法、用法是每个公民的基本素质。电子商务从业人员不仅需要了解相关法律法规，如《中华人民共和国电子商务法》《中华人民共和国民法典》等，还要严格遵守行业规范，如维护网络交易平台的安全、确保商品信息的真实性、保护客户隐私和数据安全等。电子商务从业人员通过树立合法合规的经营理念，依法开展电子商务活动，从而促进电子商务行业的健康、可持续发展。

4. 心理学科知识

电子商务的本质是交易，而交易双方的心理状态往往对交易的结果有直接影响。电子商务模式的多样性决定了交易主体的多样性，不同的交易主体在进行电子商务活动时所考虑的因素各不相同。交易主体只有具备较高的心理学科知识，才能深入洞察交易双方的心理活动。因此，电子商务从业人员需要掌握一定的心理学科知识，进而更好地理解消费者的消费心理与行为，以提升经营效益。

（二）专业技能素养

1. 视觉设计技能

电子商务视觉设计是连接企业与消费者的关键，是电子商务运营的最前端。富有创意与美感的视觉效果，辅以"破圈式"的营销策略，能够深深触动消费者的心弦。电子商务从业人员需精通视觉营销的设计原则与规范，掌握多种视觉表现手法，并熟练运用 Photoshop、AI、Pr 等工具，创造出兼具创意与美感的视觉营销作品，为后续的营销推广奠定坚实基础。

2. 网络营销技能

网络营销推广是树立企业形象、促进产品销售、提升品牌竞争力的关键手段，这要求电子商务从业人员掌握网络营销的基本原理与技能。电子商务从业人员需要熟悉微博、小红书、抖音、今日头条等新媒体平台的规则，能够通过图文、短视频、直播等不同形式实现内容推广、粉丝引流与流量变现，从而在激烈的市场竞争中脱颖而出。

3. 数据化运营技能

电子商务运营推广旨在扩大业务范围和推动企业发展。电子商务从业人员需要掌握电子商务全流程，熟悉运营数据指标，能够运用数据工具和技术开展科学分析，制定专业运营策略，实现效果和效率的双重优化，进而降低成本，提高经济效益。

4. 消费者服务技能

电子商务客服是直接面对消费者的工作岗位，是企业与消费者沟通的基础窗口。客服承担着业务沟通、订单受理、投诉处理、客户关系维护等职责。电子商务从业人员需深度了解产品信息，精通导购技巧、咨询应答方法、交易促成策略及售后处理流程，并能灵活应用各类在线沟通工具，实现与消费者的高效互动与沟通。

5. 供应链管理技能

随着互联网技术的迭代升级，供应链管理已成为企业战略布局的核心环节。电子商务从业人员需具备系统化供应链管理思维和知识体系，打破传统界限，实现各环节的有机整合。高效的电子商务供应链依托线下货源的优质获取和线上系统与各方角色的紧密配合，从而实现配送效率提升、服务质量优化和成本合理控制的多重目标。

二、电子商务从业人员职业守则

电子商务从业人员职业守则是电子商务从业人员在经营活动中应遵守的行为规范，主要包括四个方面的基本内容，如图 1-1-4 所示。

遵纪守法、爱岗敬业　　诚信为本、热情服务

保守秘密、注重安全　　勇于开拓、积极创新

图 1-1-4　电子商务从业人员职业守则基本内容

（一）遵纪守法、爱岗敬业

遵纪守法、爱岗敬业是电子商务从业人员职业活动有序开展的重要保证。遵纪守法要求电子商务从业人员遵守职业纪律、相关法律法规及商业道德规范。爱岗敬业要求电子商务从业人员对工作高度负责，牢记职业操守，也是电子商务从业人员勤奋努力、恪尽职守的行为表现。

（二）诚信为本、热情服务

诚信为本、热情服务是从事电子商务工作的基本要求。诚信为本要求电子商务从业人员诚实劳动、合法经营、信守承诺，自觉维护企业商业信誉和个人信用。热情服务要求电子商务从业人员在服务中注重仪态规范和语言艺术，以饱满的热情投入工作中。

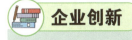 **企业创新**

阿里巴巴企业诚信查询平台

阿里巴巴在电子商务领域推出了企业诚信查询平台。该平台为用户提供了包含中国 8 600 万企业和美国 2 400 万企业的免费查询服务，用户只需要输入企业名称或法定代表人信息，即可查询该企业的诚信等级及基本情况。该平台主要依托阿里巴巴企业诚信体系，由诚信等级、诚信档案、企业身份认证、风险扫描准入、动态风险监控、电子通行码等部分组成。其中，诚信等级是基于企业基本信息、法定代表人、贸易行为、金融行为、商业关系这五大维度进行评定的，分为 AAA、AA、A、BBB、BB 五个等级。这一举措有助于交易双方降低贸易风险、提升协同效率、降低获取订单与融资的成本。

（三）勇于开拓、积极创新

电子商务从业人员的工作具有多线程、跨领域的特点，因此电子商务从业人员需具备广博的知识，成为"通才"和"杂家"。电子商务从业人员应勇于创新、摒弃空谈、注重实干，不断求索新问题、钻研新方法、开辟新路径。

（四）保守秘密、注重安全

在电子商务领域，保守商业秘密是从业人员不可或缺的职业素质。企业必须建立严格的保密制度，加强员工保密意识，以确保员工在处理客户资料、交易数据等敏感信息时，遵守国家相关保密规定。此外，企业应采取有效的技术措施和管理手段，如数据加密、物理隔离等，以防止信息泄露。企业一旦发现信息泄露行为，应立即采取措施、启动应急响应机制，并向公安机关、保密部门报告。

📋 典型习题分析

1.（单选题）在网站开发与维护过程中，Style 子目录通常用于存放哪种类型的文件？（　　）

A. 样式表文件　　　　B. 图像文件　　　　C. 数据库文件　　　　D. 网页文件

2.（单选题）电子报刊、图书、数字电影等以提供信息资料为主旨的数字化产品属于以下哪一类？（　　）

A. 信息产品　　　　B. 软件产品　　　　C. 实体产品　　　　D. 在线服务产品

3.（单选题）以下哪一类产品不太适合通过电子商务进行销售？（　　）

A. 书籍　　　　　　　　　　　　B. 腐蚀性化学品

C. 软件、音像制品　　　　　　　D. 计算机配件

4.（单选题）根据 Internet（因特网）的组织域名编码规则，代表商业机构的是下列哪一个代码？（　　）

A. COM　　　　B. GOV　　　　C. ORG　　　　D. EDU

5.（单选题）"163.com"采用的命名策略是以下哪一种？（　　）

A. 组合型　　　　B. 数字型　　　　C. 模仿型　　　　D. 拼音型

6.（单选题）下列哪项不是职业道德的基本特点？（　　）

A. 适用范围的有限性　　　　　　B. 形式的多样性

C. 内容的稳定性和连续性　　　　D. 强制执行的普遍性

7.（单选题）职业道德强调对员工、客户和社会的责任感，这体现了职业道德的哪项原则？（   ）

A. 诚信原则　　　　B. 公平原则　　　　C. 责任原则　　　　D. 尊重原则

8.（单选题）企业着重贯彻职业道德，其主要目的是什么？（   ）

A. 提高员工薪资待遇　　　　　　　B. 增加企业运营成本

C. 单纯为了满足客户需求　　　　　D. 塑造良好企业形象，促进企业文化建设

9.（单选题）当发现公司的安全系统存在漏洞时，员工应当如何做？（   ）

A. 忽视漏洞，继续工作

B. 立即利用漏洞获取个人利益

C. 在社交媒体上公开漏洞，以提醒其他人

D. 及时向上级报告，并协助修复漏洞

10.（判断题）爱岗敬业是否只要求电子商务从业人员做好自己的本职工作，无须关心团队的整体业绩和公司的长远发展？（   ）

培训课程 2　电子商务商业模式

学习单元 1　电子商务概念模型

电子商务概念模型是对现实中电子商务活动的抽象描述，由电子商务交易主体、交易事务、电子市场、商流、物流、资金流和信息流等基本要素组成，如图 1-2-1 所示。

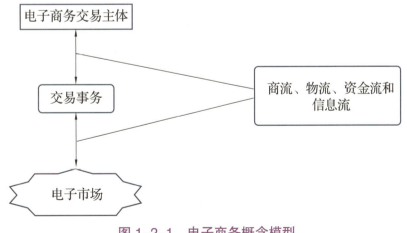

图 1-2-1　电子商务概念模型

一、电子商务交易主体、交易事务及电子市场

电子商务交易主体是指能够参与电子商务活动的实体,包括个人、商店、银行、政府机构、科研教育机构等。它们在电子商务活动中各司其职,通过各种商务交互共同完成交易流程。

交易事务涵盖交易主体间进行的各类具体电子商务活动,如市场调查、广告宣传、询价及支付等。这些交易事务构成了电子商务活动的具体业务环节,是实现电子商务交易的核心内容。

电子市场作为交易主体从事商品和服务交换的场所,已经成为一个由各种电子商务活动参与者通过网络连接形成的统一经济实体。随着科技的飞速发展,特别是 5G 技术、物联网和人工智能技术的应用,电子市场正经历着深刻的变革。例如,全球电子元器件市场规模持续扩大,这为电子元器件的进出口贸易带来了新的机遇。在电子市场虚拟的市场环境中,交易主体可以突破时空限制,进行广泛的电子商务交流与交易。

二、电子商务"四流"

电子商务"四流"是指信息流、资金流、商流和物流,它们在电子商务活动中各自发挥着重要作用,相互关联、相互影响,共同构成了完整的电子商务交易流程,如图 1-2-2 所示。

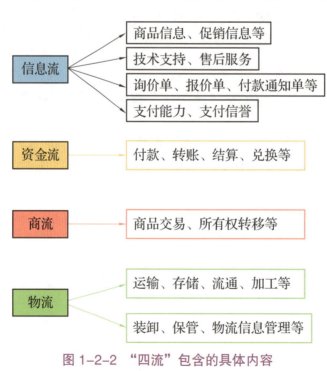

图 1-2-2 "四流"包含的具体内容

信息流是支持商流和物流的信息活动,包括商品信息、技术支持、售后服务、报价单及支付信誉等,是物流和资金流的前提,是电子商务中的桥梁。资金流指资金转移,包括付款、转账、结算、兑换等环节,实现资金从消费者账户到商家账户的流动,可能需要通过金

融机构完成，资金流是电子商务中实现商品价值的关键。商流涉及商品交易等活动，包括宣传、选择、谈判、合同、订发货及服务等，涉及多个行业。物流指商品和服务的配送传输，包括运输、存储、流通、加工、装卸、保管、物流信息管理等，是电子商务中实现商品使用价值的重要环节。

三、电子商务实体系统

在电子商务概念模型中，电子商务实体系统是指能够从事电子商务活动的客观对象，如企业、消费者、政府、电子商务服务机构等。

（一）企业

生产制造型企业通过网站展示商品信息，完成交易和提供服务。例如，汽车企业展示车型信息，便于消费者在线咨询、购买并获得售后服务；流通贸易型企业利用电子商务平台采购、销售商品，拓宽市场渠道；服务型企业通过网络提供服务，如在线教育和旅游预订，推动达成商品和服务交易。

（二）消费者

电子商务时代，消费者通过网络浏览商品并作出购买决策，如在电子商务平台上购买各类商品和享受线上服务。电子商务改变了消费者的生活方式和就业结构，催生出新岗位。

（三）政府

政府积极推动电子商务发展，通过参与电子税务、报关、信息服务等领域的数字化建设，不断完善电子商务基础设施。同时，政府完善政策，营造适宜电子商务健康发展的环境，管理电子商务活动，确保交易公平安全，并推动电子采购等应用场景的落地，促进电子商务有序发展。

（四）电子商务服务机构

电子商务服务机构如支付平台、物流公司、认证中心等，为电子商务提供技术支持和安全保障，促进交易顺利进行。电子商务服务机构凭借其专业服务，不仅提升了交易效率，还保障了信息安全，有力推动了电子商务生态的持续健康发展。

 知识拓展

物流系统在电子商务中的重要性

物流系统构成了电子商务的核心，它直接关系到商品的流通效率和消费者的满意度。一个高效的物流系统能够确保商品从仓库到客户手中所经历的每一个环节都顺畅无阻，从而提升企业的整体竞争力。

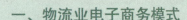

一、物流业电子商务模式

物流业电子商务涵盖了第三方物流、物流联盟和第四方物流等模式。第三方物流如顺丰速运，提供多样化的物流服务，并通过优化运营流程等手段提升竞争力。物流联盟是多个物流企业为实现特定目标而进行的长期联合合作，如中小物流企业共享资源以降低成本、拓展市场。第四方物流作为供应链集成商，整合多种资源为客户提供全面的供应链解决方案。

二、物流技术与信息化

在物流技术与信息化领域，条码技术可以通过光电扫描设备识读条码符号并将其转换为信息，广泛应用于商品流通、仓储管理、生产制造等多个领域。射频识别技术（Radio Frequency Identification，RFID）技术具有非接触式读取、多个标签同时读取等特点，在物流运输中不仅能实现快速盘点和跟踪货物，还能与物联网结合实现智能化管理。物流信息传递的标准化至关重要，不标准的信息传递会导致物流效率低下。

三、供应链整合管理方面

供应链整合管理的特点包括协同整合、减少长鞭效应和非核心业务外包，以及实时响应和动态优化等。协同整合是指供应链各环节紧密合作，共同制定战略、计划和决策。减少长鞭效应可以通过信息共享、供应商管理库存（Vendor Managed Inventory，VMI）、协同式供应链库存管理（Collaborative Planning Forecasting and Replenishment，CPFR）等方法实现。以 VMI 为例，供应商可根据零售商销售数据自动补货。

学习单元 2　传统电子商务模式

电子商务可以按照不同的标准进行分类，以下是几种常见的分类方式，见表 1-2-1。

表 1-2-1　电子商务分类方式

分类标准	分类类型	描述及示例
运作方式	完全电子商务	商品或服务的完整流程均通过网络实现，如软件、电子报刊、在线服务等
	非完全电子商务	需要依赖物流等实体渠道进行配送的商品或服务，如衣服、鞋子、电子产品等
交易对象	B2B	企业与企业之间的电子商务，如阿里巴巴
	B2C	企业与个体消费者之间的电子商务，如天猫、京东等
	C2C	个人与个人之间的电子商务，如淘宝

续表

分类标准	分类类型	描述及示例
网络类型	基于 EDI 技术的电子商务	早期的电子商务模式，主要用于企业间的商业文件传输
	基于互联网的电子商务	是目前广泛应用的一种电子商务模式，利用互联网的开放性、全球性和低成本等特点，实现了企业与消费者、企业与企业之间的广泛交易
	基于移动网络的电子商务	具有便捷性、随时随地性等特点，支持移动支付、定位服务等功能，为消费者提供更加个性化的购物体验

在当今数字化的商业世界中，电子商务模式多种多样，其中 B2B（Business-to-Business）、B2C（Business-to-Consumer）、C2C（Consumer-to-Consumer）是最为常见且具有代表性的三种模式，有着各自独特的运作方式与特点。

一、B2B 模式

B2B 模式指的是企业与企业之间通过互联网进行产品、服务及信息的交换与交易。这种模式涵盖了广泛的行业与业务场景。阿里巴巴是全球最大的 B2B 平台，通过提供供求信息、在线交易、物流等服务，帮助企业降低成本、提高效率。

（一）交易主体

参与 B2B 交易的双方均为企业，其中一方是供应商，拥有各类商品或服务资源；另一方则是采购商，基于自身的生产、运营需求寻找适配的物资。例如，一家汽车制造企业向钢铁供应商采购钢材，用于车身制造；电子零部件供应商为手机组装厂提供芯片、显示屏等核心组件。

（二）特点

（1）交易规模庞大：企业的生产运营往往需要大量原材料、零部件或服务支持，因此 B2B 交易的单笔订单金额通常较高，涉及的货物数量庞大。

（2）专业性强：交易双方对产品或服务的专业性要求极为严格。供应商需要精确满足采购商在规格、质量、技术标准等各方面的严苛要求，确保采购商后续生产流程的顺利进行。

（3）长期合作关系：为降低交易成本、确保供应链稳定，企业间倾向建立长期合作伙伴关系。交易双方在合作中不断深化理解，供应商则根据采购商的反馈持续完善其产品性能与服务质量。

（三）优势

（1）降低采购成本：B2B 平台汇聚众多供应商，采购商可便捷比价、筛选，获取更优惠的价格，同时减少传统采购中的人力、差旅等成本。

（2）提高供应链效率：通过信息实时交互，采购商可及时了解供货进度，同时供应商能依据需求调整生产计划，让供应链各环节紧密衔接。

二、B2C 模式

B2C 模式聚焦于企业面向个体消费者的电子商务活动，是大众较为熟悉的电子商务形式之一，深刻改变了人们的日常购物习惯与方式。

（一）交易主体

B2C 模式交易主体一方是各类提供商品或服务的企业商家，涵盖零售商、品牌制造商等；另一方则是广大的个体消费者，他们因生活、消费、娱乐等多方面的需求而进行选购。例如，消费者在电子商务平台购买电子产品、选购衣物等，都是典型的 B2C 交易场景。

（二）特点

（1）面向大众市场：商品与服务种类丰富，旨在满足不同年龄、性别、消费层次人群的广泛需求，从日用百货到高端数码产品一应俱全。

（2）注重消费体验：为吸引消费者，商家在网站界面设计、商品展示、购物流程优化、售后服务等方面投入大量精力，力求为消费者提供便捷、舒适且安心的购物体验。例如，提供商品详情图片、视频展示，30 天无理由退换货等服务。京东商城年货节促销页面如图 1-2-3 所示。

图 1-2-3　京东商城年货节促销页面

（3）营销推广多元：B2C 模式借助社交媒体、广告投放、网红带货等多种渠道吸引消费者关注，打造品牌知名度，激发消费者的购买欲望。

（三）优势

（1）购物便捷：消费者可不受时间、空间限制，随时随地浏览商品、下单支付。商品配送到家，节省大量线下购物时间与精力。

（2）产品种类丰富：商家整合海量商品资源，使消费者能够轻松比较不同商品，迅速找到既符合需求又具有高性价比的产品，充分满足其个性化需求。

三、C2C 模式

C2C 模式强调个人与个人之间的在线交易，构建了一个开放的市场平台。消费者既可以直接出售自己不再需要的物品，又可以开设个人店铺，借此出售自己制作或采购的商品。C2C 模式促进了消费者之间的互动交流，使得二手商品交易、手工艺品等买卖活动更加轻松便捷。

（一）交易主体

C2C 模式交易双方均为个体消费者，一方出售自己闲置或自制的物品，另一方基于需求与价格判断是否进行购买。例如，在某二手交易平台中，有人将闲置的旧书、二手数码产品挂售，以便有需求的买家与之协商价格、完成交易。

（二）特点

（1）交易灵活性高：C2C 平台涵盖的商品种类广泛，从大型家具、家电到小型文具、饰品应有尽有，只要卖家有出售意愿，买家感兴趣，就可随时开启交易协商，且交易规则相对宽松灵活。

（2）社交属性强：买卖双方在沟通议价过程中，带有一定社交互动色彩，如交流商品使用心得、背景故事等。部分平台还设有社区功能，有利于增强用户黏性。

（三）优势

（1）促进资源再利用：C2C 模式能够盘活闲置资产，减少浪费，使物品在不同需求者手中延续使用价值，符合环保与可持续发展理念。

（2）提供创业机会：C2C 模式为富有创意和具备精湛手艺的个人开辟了一条变现途径，使他们借助 C2C 平台，将自制的特色产品推向市场，在实践中积累宝贵的商业经验。

综上所述，B2B、B2C、C2C 三种电子商务模式在交易主体、特点与优势上差异显著，具体内容见表 1-2-2。这三种模式共同推动着全球电子商务行业蓬勃发展，满足了不同层面、不同场景的商业需求，也为经济增长注入了强劲动力。

表1-2-2   三种电子商务模式对比分析总结

模式	交易主体	特点	优势
B2B	企业与企业，一方为供应商，另一方为采购商	交易规模庞大，专业性强，长期合作关系	降低采购成本，提高供应链效率
B2C	企业商家（零售商、品牌制造商等）与个体消费者	面向大众市场，注重消费体验，营销推广多元	购物便捷，产品种类丰富
C2C	个体消费者与个体消费者	交易灵活性高，社交属性强	促进资源再利用，提供创业机会

学习单元3   新型电子商务模式

随着互联网技术的持续演进及消费者需求的日益多元化，除传统的B2B、B2C、C2C电子商务模式外，一系列新型电子商务模式如O2O（Online to Offline，线上线下商务）、社交电子商务、内容电子商务蓬勃兴起，为商业领域注入了新的活力。

一、O2O模式

O2O模式将线上与线下紧密结合，通过线上支付预订、线下体验消费的方式，为消费者提供便捷的购物体验。例如，线上预订餐厅、电影票，线下享受服务等。

（一）运作流程

消费者利用线上平台搜索周边的线下商家提供的商品或服务详情，如餐饮美食、美容美发、健身课程等，在线上预订和支付，然后前往线下实体店享受服务，并在服务结束后进行线上评价。例如，大众点评与多家餐厅携手合作，为用户提供便捷的餐位预订、菜品团购服务，并鼓励用户在用餐后分享宝贵体验。O2O模式如图1-2-4所示。

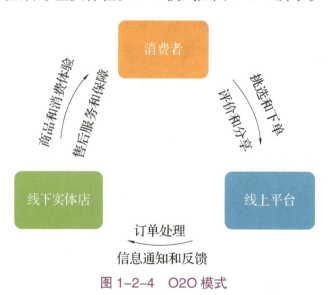

图1-2-4   O2O模式

（二）特点和优势

（1）线上线下融合引流机制：O2O模式打破了线上与线下的壁垒，使线上平台成为线下实体店的客流引擎，而线下体验则强化了线上平台的信任基础，共同奠定品牌影响力和消费者忠诚度的坚固基石。例如，某商超通过线上App，提供线下实体店的即时配送或消费者自提服务，这种双向互动策略成功吸引了大量忠诚消费者。

（2）聚焦本地即时消费：O2O模式根据消费者的实时位置，推送周边商家信息，满足他们的即时消费需求。无论是便捷的外卖服务，还是贴心的本地家政服务，均遵循这一高效便捷的消费模式。以某外卖平台为例，根据用户的定位信息，迅速匹配并提供附近美食选择，实现快速送达。

（3）多元消费场景覆盖：O2O模式业务广泛涵盖餐饮、零售、生活服务、休闲娱乐等多个领域，为消费者提供一站式预订服务，满足从购物到观影等日常线下消费需求。

二、社交电子商务模式

社交电子商务模式依托社交媒体平台，通过用户分享、推荐和社交互动，推动商品的销售。该模式下，消费者不仅能够享受购物的乐趣，还能获得社交互动的体验。

（一）商业模式分类

（1）拼购型：以拼多多为代表，消费者邀请亲友拼单团购商品，靠人数优势获得低价，借助社交裂变拓展用户。

企业创新

拼多多：社交电子商务的领军者

拼多多通过创新的拼团模式，将社交与电子商务完美结合，引领了社交电子商务的潮流。用户发起拼团，邀请亲友一起购买，凭借人数优势享受更低价格。这种模式不仅降低了商品价格，还通过社交裂变迅速扩大用户基础。

拼多多利用微信等社交平台，通过用户分享和邀请，实现了病毒式传播。用户之间的互动和黏性增强，形成了紧密的社交关系链，提高了对平台的忠诚度。同时，平台上的商品推广也更加高效，使商家获得了更多的曝光和销售机会。

拼多多的成功案例证明了社交电子商务的巨大潜力。通过社交裂变，拼多多实现了用户数量和销售额的双重增长，成为中国电子商务市场的重要力量。拼多多2024年第3季度财务报表如图1-2-5所示。

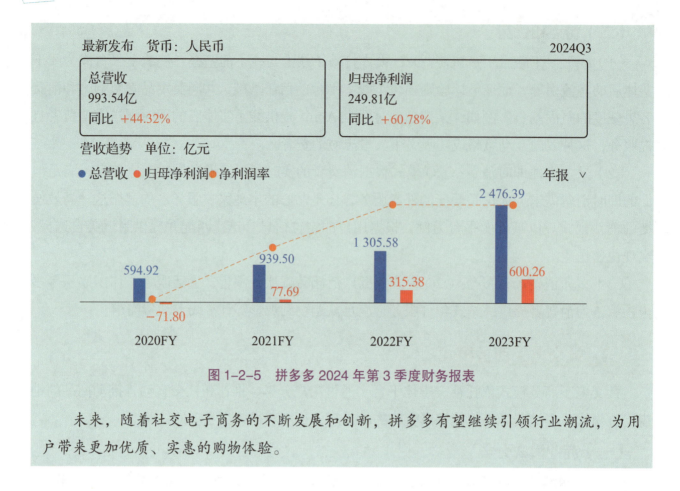

图 1-2-5　拼多多 2024 年第 3 季度财务报表

未来，随着社交电子商务的不断发展和创新，拼多多有望继续引领行业潮流，为用户带来更加优质、实惠的购物体验。

（2）社群型：基于微信、QQ 群等聚集同类兴趣或消费需求人群，群主、意见领袖分享商品使用感受带动消费。例如，在数码爱好者群中，群主在详细评测电子产品后，会推荐可靠的购买渠道，群友往往因此跟风下单。

（二）特点和优势

（1）社交驱动消费：利用熟人信任、社群氛围、达人影响等方式，降低购买决策成本，促使消费者快速下单。例如，微信家族群中有人分享水果拼购，亲戚跟风购买。

（2）用户变推广员：消费者可以通过分享推荐赚取佣金，从而变身为积极的"销售员"，进一步激发主动传播的热情。例如，用户分享某微店商品链接促成交易即可获得提成，以此吸引更多人参与推广。

（3）低成本流量引入：借助社交平台的庞大用户及其传播力，低成本精准触达潜在客户。

三、内容电子商务模式

内容电子商务模式是电子商务的一种新兴模式，它利用文字、图片、视频等多种形式的内容来吸引消费者的注意力，激发消费者的购买欲望，并最终实现商品的销售。

（一）内容呈现形式

（1）图文故事：在微信公众号发布好物推荐文章，通过讲产品故事、内涵，搭配精美图片，并嵌入购买链接，激发读者兴趣并促成购买。例如，某平台以介绍非遗手工刺绣手帕故事为切入点进行售卖，吸引文艺爱好者前来购买。

（2）短视频：抖音、快手等平台的创作者用15~60秒视频展示产品功能、操作方法，营造氛围并嵌入购买链接。例如，美食博主在制作美食的同时推荐厨具，引导观众即时下单。

（3）网络直播销售：主播通过实时直播进行互动解答，全面展示商品属性，借助限时折扣和赠品策略激发观众的即时购买欲望。例如，抖音平台的某直播间在单场直播中能够实现千万级销售额。

（二）特点和优势

（1）内容共鸣的构建：摒弃传统的直接推销的方式，转而针对消费者的兴趣点，精心打造高质量内容，使消费者在接触商品时产生沉浸感。例如，知乎平台上的好物推荐文章，通过分享专业知识来激发读者的共鸣，并在此基础上推荐相关产品，从而使读者更易于接受。

（2）忠实粉丝的培育：通过持续提供高质量内容，增强粉丝的黏性，并将其转化为品牌的忠诚消费者。例如，某网络平台上的美妆知识分享者通过长期的内容输出，建立了粉丝的信任，进而促使粉丝购买其推荐的产品。

（3）商品的精准匹配：根据内容主题选择合适的商品进行推荐，以提升购买转化率。例如，用户在健身主题的抖音视频中推荐运动装备，能够精准地吸引目标受众的注意。

这些新兴的电子商务模式各具千秋，顺应了当前消费者购物心理与习惯的变化，为消费者提供了焕然一新的购物体验，同时为商家拓展了多样化的商业发展渠道，不断助推电子商务行业的革新与发展。

📄 典型习题分析

1.（单选题）下列关于物流信息化的表述不正确的是（　　　　）。

A. 物流信息的非商品化

B. 物流信息传递的标准化

C. 物流信息收集的数据库化和代码化

D. 物流信息处理的电子化和计算机化

2.（单选题）在电子商务领域中，哪一种不适合选择自营物流模式？（　　　　）

A. B2B　　　　　　B. C2C　　　　　　C. B2C　　　　　　D. B2G

3.（单选题）以下不属于 O2O 模式的是（　　　　）。

A. 美团网

B. 天猫

C. 拉手网

D. 赶集网

4.（单选题）在电子商务概念模型中，哪个要素是指能够从事电子商务活动的客观对象，如企业、消费者、政府等？（　　　　）

A. 交易事务

B. 电子市场

C. 交易主体

D. 信息流

5.（单选题）在 O2O 模式中，消费者通常利用哪些渠道进行线上预订和支付？（　　　　）

A. 实体店

B. 社交媒体平台

C. 线上平台

D. 电话预订

6.（单选题）内容电子商务模式利用哪种形式的内容来吸引消费者的注意力？（　　　　）

A. 文字、图片、视频

B. 电话推销

C. 实体广告

D. 电子邮件营销

7.（多选题）B2B 模式的优势包括哪些？（　　　　）

A. 降低成本

B. 降低风险

C. 缩短订货和生产周期

D. 拓展市场，增强企业竞争力

E. 提供突破时空限制的服务

8.（多选题）电子商务中的"四流"包括哪些？（　　　　）

A. 信息流

B. 商流

C. 资金流

D. 物流

E. 人才流

9.（判断题）在 B2B 模式中，交易双方均为企业，交易规模通常较大，专业性强。（　　　　）

10.（判断题）解决线上订购的商品或服务如何在实体店领取，是实现 O2O 模式的核心问题。（　　　　）

培训课程 3　电子商务盈利模式

在电子商务领域迅猛发展的当下，各种商业模式犹如繁星般点缀其间，其中每一颗都蕴含着独特的盈利模式与创新策略。深入理解这些盈利模式，就像掌握了一把能够开启洞察电子商务行业经济运行内在逻辑的大门的钥匙。本节内容将深入介绍 B2B、B2C、C2C 这三大经典电子商务模式各自的主要盈利模式。

一、B2B 模式的主要盈利模式

（一）会员费

在 B2B 平台的盈利结构中，会员费是核心要素之一。平台通常会为企业构建多层级的会员体系，其中每个层级都配备特色鲜明的综合服务方案。

以全球知名的阿里巴巴国际站为例，普通会员仅能获得基础的产品展示权限；而一旦升级为付费的金牌会员，便能享有如首页推荐金牌供应商（位置靠前）、首页黄金位置 Flash 滚动广告位（三个月）、首页滚动供应信息推荐、首页产品图片推荐等优越位置，精准匹配的买家推荐如指南针般指引商机方向，以及专属的客服团队随时待命，提供一对一的专业服务。企业为了获取这些高级服务所带来的丰富商业机遇，愿意支付相应的会员费用。阿里巴巴诚信通会员权益对比如图 1-3-1 所示。

功能名称	免费会员	2018版	2019版	功能说明
旺铺版本	1.0 30天	2.0 1年	2.0 1年	旺铺2.0版本提供80套主题皮肤、20G相册储存空间，同时采用拖曳式简便操作设计，10秒就能建成自己的企业网站
无线旺铺	✕	✓	✓	开启手机端店铺，随时随地做生意，不错过任何商机
旺铺模板	无	20套	20套	专业设计师打造，20套行业标准化旺铺模板，开店装修不用愁
企业官网	✕	✓	✓	轻松打造独特网站，海量模板选择，智能SEO优化工具，免费获得网站流量专业的技术支持，24小时稳定云服务器依托阿里生态圈，共享千万会员数
智能旺铺	✕	✕	✓	据根据买家采购习惯，精准剖析买家偏好，智能化推荐商品，让买家快速找到心仪的商品提升买家转化率

旺铺特权

图 1-3-1　阿里巴巴诚信通会员权益对比

（二）交易佣金

一些 B2B 平台采取了创新策略，通过基于交易成果的盈利模式，即收取交易佣金来实现收益。例如，买卖双方在某 B2B 平台成功达成交易后，平台会根据商品类别和交易金额，按照既定的 3%~10% 的佣金比例提取一定的服务报酬。

以敦煌网为例，该平台作为专注于跨境小额批发的先行者，帮助众多中小型外贸企业与海外采购商成功建立合作关系。每当一笔订单顺利完成，敦煌网都会从交易总额中抽取相应的佣金。交易佣金的收取流程如图 1-3-2 所示。

交易达成过程
买卖双方在平台达成交易

佣金抽取机制
平台依据交易金额
按比例抽取佣金

交易佣金收入
平台获得交易佣金

图 1-3-2 交易佣金的收取流程

（三）广告营销收入

在众多企业资源的汇聚下，B2B 平台俨然成为一块巨大的磁石，持续吸引着大量流量。B2B 平台充分利用其独特优势，为企业开辟了一片广告的"黄金海岸"。首页轮播广告位犹如商业广场的巨型广告牌，视觉冲击强烈；搜索结果页广告位似精准导航的路标，引领客户直达目标；行业频道广告位则仿佛专业市场的导向牌，精准触达细分市场客户。

（四）增值服务收入

B2B 平台在提供基础服务的"核心供给"之余，更精心提供了兼具特色化和多样化的增值服务，以此作为盈利的亮点。例如，企业信用认证服务的提供，可视为向采购商提供了一副"透视眼镜"，使其能够迅速识别供应商资质的优劣，从而有效降低交易过程中的风险；此外，B2B 平台提供的市场调研分析报告，对企业而言犹如一份详尽的商业航海图，帮助其准确掌握行业动态和竞争对手的实际情况，进而制定出明智的商业决策。这些增值服务精准地解决了企业的核心问题，因此深受企业欢迎，并且自然地成为平台盈利的新增长极。部分增值服务及作用如图 1-3-3 所示。

企业信用认证服务
降低采购商交易风险
增强企业信用度

市场调研分析报告
提升企业市场竞争力
助力企业决策制定

图 1-3-3 部分增值服务及作用

二、B2C 模式的主要盈利模式

（一）销售差价利润

对于 B2C 电子商务企业而言，实现盈利的核心在于充分发挥其作为高效中间商的角色价值。企业通过仔细筛选并采购商品，再经由仓储管理、物流配送及运营团队的精心策划，最终将商品以高于成本的价格销售给消费者，以此获取销售差价利润。B2C 模式获取销售差价利润的流程如图 1-3-4 所示。

图 1-3-4　B2C 模式获取销售差价利润的流程

以京东为例，该企业通过其卓越的供应链整合能力，与众多知名品牌厂商建立紧密合作关系，大规模采购电子产品和家电等热门商品，以降低单位成本，随后在自有的销售平台上以高于成本的价格销售给消费者。京东凭借薄利多销的策略和精准的差异化定价手段，成功获得了可观的销售差价利润。

（二）平台入驻费与交易手续费

众多实行开放包容策略的 B2C 平台，如天猫，允许众多品牌商家进入。然而，商家的入驻并非无偿服务，平台会向商家征收一定的入驻费用，这与商业乐园的入场费相似，保障了平台初期的财务收益。同时，B2C 平台还会依据商家在平台上的每一笔交易额，按比例收取交易手续费。随着平台交易量的飞速增长，这两项收入成为推动平台盈利增长的双引擎。

（三）广告营销收入和其他增值服务收入

与 B2B 平台相似，B2C 平台通过精准的广告投放策略和 SEO（Search Engine Optimization，搜索引擎优化）吸引商家投资，同时提供数据分析、会员服务等增值服务，优化核心数据，如网站转化率和重复购买率，以满足商家的多样化需求。这些策略和增值服务的实施有助于拓展收入来源，构建多元化的盈利结构，从而巩固平台在市场中的地位。通过精准的数据分析和会员服务，B2C 平台不仅提升了商家运营效率，还增强了用户黏性，进一步扩大了市场份额。广告营销与增值服务的有机结合，使得 B2C 平台在激烈的市场竞争中脱颖而出，实现了可持续的盈利增长。

三、C2C 模式的主要盈利模式

（一）交易手续费

C2C 平台，如淘宝，通过向卖家收取交易手续费实现盈利。例如，根据淘宝最新政策，自 2024 年 9 月 1 日起，平台将收取基础软件服务费，费率为交易金额的 0.6%。这意味着，对于交易成功的订单，平台会按照成交额的 0.6% 收取基础软件服务费。随着交易量的增加，手续费收入也相应增加，成为平台稳定的收入来源。

（二）增值服务收入

C2C 平台还提供多样化的增值服务，如店铺装修、数据分析等，帮助卖家提升店铺竞争力。卖家为获取更多流量并提升销售额，愿意支付额外费用，C2C 平台因此获得可观的收益。C2C 平台通过这些增值服务不仅提升了卖家的经营效果，还增强了平台的整体吸引力，形成良性循环。随着用户基数的扩大，C2C 平台的广告价值也不断提升，吸引了更多广告商投放，进一步夯实了平台的盈利基础。

经过深入分析 B2B、B2C、C2C 三种电子商务模式的主要盈利模式，我们可以总结出电子商务盈利模式主要有以下几种：交易手续费、平台入驻费、广告营销收入、增值服务收入等。电子商务主要的盈利模式对比分析见表 1-3-1。

表 1-3-1　电子商务主要的盈利模式对比分析

盈利模式	说明	B2B	B2C	C2C
交易手续费	买卖双方完成交易后，平台按交易金额一定比例抽取佣金	部分平台，如敦煌网，在促成交易后抽取佣金	一些开放性质电子商务平台（如天猫），商家交易时平台抽取手续费	闲鱼等平台，买卖双方交易完成后按比例抽取手续费
平台入驻费	品牌商家入驻平台需缴纳的费用	如入驻阿里巴巴的诚信通业务需缴费	如天猫向品牌商家收取入驻费用，保障前期收益	一般不常见，通常仅在个别小众 C2C 平台特定类目中才会出现
广告营销收入	平台利用自身流量优势，为商家提供广告位或精准营销服务获取的收入	如慧聪网，通过提供首页、搜索结果页广告位收费	如京东首页焦点图、商品详情页广告等收入	淘宝、闲鱼通过"擦亮"、直通车等类似推广收费，助力卖家曝光商品
增值服务收入	平台针对企业或消费者个性化需求，开发额外服务并收费	如阿里巴巴国际站通过提供企业信用认证、市场调研报告服务收费	京东通过为消费者提供会员专属折扣、极速物流等服务，以及为商家提供店铺装修、数据分析服务收费	闲鱼通过提供商品鉴定、摄影文案包装服务收费，这些增值服务有助于提升交易成功率

这些盈利模式相互补充，共同构建了电子商务平台的多元化盈利体系，确保其在激烈的市场竞争中保持稳健发展。企业需精准洞察各种盈利模式的独特之处，并灵活采用多样化的盈利策略，以有效应对瞬息万变的市场环境。同时，平台应加强技术创新和用户体验优化，提升自身竞争力，确保具有长期盈利能力。

📩 **典型习题分析**

1.（单选题）下列选项中，不属于B2C模式核心盈利模式的是（　　）。

A. 广告营销收入 　　　　　　　　B. 竞价排名费用

C. 增值服务收入 　　　　　　　　D. 销售差价利润

2.（单选题）下列选项中，不属于C2C模式的盈利模式的是（　　）。

A. 会员费 　　　　　　　　　　　B. 交易手续费

C. 搜索排名竞价 　　　　　　　　D. 销售本行业产品收入

3.（单选题）阿里巴巴基本的盈利模式是（　　）。

A. 网上赠予　　　B. 付费浏览　　　C. 网上订阅　　　D. 收取服务费

4.（单选题）在B2B模式中，平台通过为企业提供不同等级的会员服务并收取相应费用，这种盈利模式为（　　）。

A. 交易佣金　　　B. 会员费　　　C. 广告营销收入　　　D. 增值服务收费

5.（单选题）京东通过大规模采购降低单位成本，然后以高于成本的价格销售商品给消费者，其主要的盈利模式为（　　）。

A. 销售差价利润　　B. 平台入驻费　　C. 交易手续费　　D. 广告营销收入

6.（单选题）在C2C模式中，平台向卖家提供店铺装修、数据分析等增值服务并收取费用，这属于（　　）。

A. 交易手续费　　　B. 平台入驻费　　　C. 广告营销收入　　　D. 增值服务收入

7.（多选题）下列选项中，哪些平台通过会员费模式实现了盈利？（　　）

A. 敦煌网，基于交易成果收取佣金

B. 京东"PLUS会员"，提供会员专属折扣和极速物流服务

C. 淘宝的"88VIP"会员，涵盖多个平台的优惠和特权

D. 阿里巴巴国际站的金牌会员服务，提供优先排名展示和专属客服团队

8.（多选题）B2B电子商务模式的主要盈利来源包括（　　）。

A. 会员费　　　　　B. 广告费　　　　　C. 交易佣金　　　　　D. 竞价排名费用

E. 信息技术服务费用

9.（判断题）淘宝平台上的所有服务都是免费的，平台不向卖家或买家收取任何费用。

（　　）

10.（判断题）B2C平台的盈利模式仅限于销售本行业的产品，不包括销售衍生产品、广告营销收入或平台入驻费等其他形式。

（　　）

职业模块二
市场营销基础

学习单元 1　市场和市场营销概念

一、市场

日常生活中人们习惯将市场视为商品交换即买卖的场所，如菜市场、商业广场、夜市等。这一概念是从时间和空间上来理解的。但若从不同角度界定市场，则会有不同含义。经济学家将市场定义为买方和卖方就某一特定产品进行交易谈判的集合，即商品交换关系的总和。营销人员将市场视为顾客的集合，认为市场大小取决于人口、购买欲望和购买力。市场公式为：

$$市场 = 人口 + 购买欲望 + 购买力$$

人口是市场的基础，人口的规模决定市场大小。人口多的地区，如大城市，市场更大、更复杂。人口稀少的地区，诸如偏远山区，其市场规模相对较小。

购买欲望是消费者购买商品或服务的动机。即使购买力和人口基础条件充分，缺乏购买欲望仍会阻碍市场交易。广告宣传的推动与产品创新的激励，可有效激发消费者的购买欲望。

购买力是消费者购买商品和服务的能力，受收入、物价和信贷等因素影响。经济发达的地区购买力强，经济欠发达地区购买力弱。物价上涨会导致购买力降低。

二、市场营销

（一）市场营销的发展和定义

市场营销起源于 20 世纪初的美国，从起源和发展历程来看，它始终与商品经济的繁荣和发展密切相关，是企业为了适应市场竞争和满足消费者需求而不断发展和完善的一门学科。

目前权威机构将市场营销正式定义为：市场营销是创造、传播、传递和交换对顾客、客户、合作者和整个社会有价值的市场供应物的一种活动、制度和过程。由此可见，市场营销的范围不仅包括消费领域，还包括生产领域和流通领域。科特勒在《营销管理》（第 16 版）一书中指出，市场营销是指以与组织目标相一致的方式识别并满足人类和社会的需求。

（二）市场营销的广泛应用

市场营销的理念已经渗透到各个行业之中。在消费品行业，企业运用市场营销策略，通过对消费者需求的深入分析和精准定位，推出符合消费者需求的产品和服务，从而占据市场份额。

1. 商业企业领域

（1）快消品行业：如食品、饮料、日化产品企业，依赖市场营销塑造品牌形象，吸引消费者持续购买。例如，某运动品牌通过大规模广告投放、赞助体育赛事（如冬奥会）、开展创意营销活动，在全球消费者心中树立快乐、活力的品牌形象，维系庞大的消费群体，持续提高产品销售量。

（2）零售行业：线上交易平台与线下实体店，都需运用营销手段吸引顾客。线上交易平台，如淘宝每年都会举办"双 11"购物节，提前数月预热，利用社交媒体、直播带货、满减优惠等促销形式，创造巨额销售业绩；线下的沃尔玛、家乐福等超市，通过布局店内陈列、张贴海报及设置会员专属折扣等营销策略，提升顾客购买频次与客单价。

2. 服务行业

（1）旅游行业：旅游景点、旅行社及在线旅游平台不断推陈出新，其营销策略与形式层出不穷，各具特色。各地旅游局打造城市旅游 IP，如"宋元中国·海丝泉州""蟳埔簪花"等特色文旅符号在短视频平台爆火；旅行社和线上平台合作，推出特价旅游线路及定制旅游服务，借助达人种草、用户评价分享等拓展业务。

（2）餐饮行业：餐厅在菜品定位、装修风格及营销活动的设计上，均需紧密贴合目标受众的喜好与需求，力求做到精准营销。网红餐厅擅长营造话题热度，凭借社交媒体打卡风潮与大 V 探店体验迅速蹿红；连锁餐饮品牌则通过持续推出儿童套餐附带玩具的促销活动，吸引家庭消费群体，同时不断更新菜单以适应大众口味的多样化变化。

3. 公共部门与政府机构

（1）城市营销：各地政府通过宣传城市形象，吸引投资、旅游与人才。泉州打出"泉州，是你一生至少要来一次的城市"口号，利用多种传播手段，大力弘扬、传播泉州的历史文化、海丝特色、人文风物等，提升城市在全国范围内的吸引力。

 政府方案

创新传播，多维推进 —— 泉州的城市营销实践

泉州海丝国际传播中心紧握城市营销的脉搏，运用多元化的传播手段和创新策略，为泉州塑造了一个独特的城市形象。在城市营销方面，其通过在主流和新媒体平台上广泛传播，开设专题，发布世界遗产相关内容，成功打造了"宋元中国·海丝泉州"品牌。泉州海丝国际传播中心通过与小红书、抖音等平台合作，以年轻人的视角转化文化，打造爆款话题，展现了一个立体的泉州。同时，其借助各类大会的影响力，举办文旅活动，邀请影响力较大的博主打卡，实现了线上流量向线下消费的转化。

（2）公共政策推广：政府部门针对垃圾分类、节能减排等政策的落地需求，运用营销手段制作通俗易懂的宣传资料、开展社区科普活动，提升民众知晓度、配合度，确保政策落地和高效执行。

（3）人工智能与大数据领域：新兴科技企业通过参加行业峰会、发布白皮书等，向企业界和投资者宣传技术优势与应用场景，加速新技术落地转化，拓展商业版图。

综上所述，市场营销在各行各业的广泛应用，不仅推动了企业的发展和创新，还促进了经济的繁荣和发展。

学习单元 2　市场营销观念

营销观念是指企业对其营销活动及管理的基本指导思想。它是一种态度或一种企业思维方式，对企业经营成败具有决定性意义。

营销观念的核心是正确处理企业、顾客和社会三者之间的利益关系。随着社会的进步与经济的蓬勃发展、企业经验的不断积累及营销环境的日新月异，营销观念亦经历了深刻的变革。其演变轨迹大致为由以企业利益为重心，逐步转向以顾客利益为核心，最终迈向以社会整体利益为导向。营销观念的演变过程如图 2-1-1 所示。

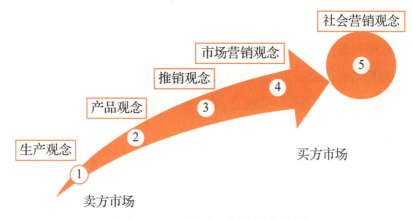

图 2-1-1　营销观念的演变过程

一、传统营销观念

（一）生产观念

生产观念是指导销售者行为的最古老的观念之一，是一种"以生产为中心，以产品为出发点"的经营指导思想。它盛行于 19 世纪末 20 世纪初，这一时期市场需求旺盛但物资极度缺乏，企业普遍认为只要产品被生产出来，消费者就会购买。

例如，中华人民共和国成立初期的上海永久股份有限公司，由于当时国内交通出行工具匮乏，自行车需求缺口极大，属于典型的卖方市场。上海永久股份有限公司全力投入生产设施建设，优化生产线以提升产能，源源不断地产出大批标准化自行车。其营销动作十分简单，主要为告知消费者产品信息及购买渠道，凭借庞大的产量满足大众基础出行需求，收获丰厚利润。在物资短缺的背景下，消费者的选择范围极度有限，因此企业不必采取复杂的营销手段即可实现销售。

（二）产品观念

产品观念是一种"以质量为中心，以产品为出发点"的经营指导思想。它产生于 20 世纪 20 年代，认为消费者喜爱高质量、多功能和具有某些特色的产品。然而，这种观念有时会引发"营销近视"现象，使得经营者因过度自信而忽略宣传推广，不愿更新技术、紧跟时代潮流，最终致使产品积压难以销售。

曾经的国产胶卷品牌乐凯，在胶卷时代极为注重产品研发，攻克多项技术难题，生产出的胶卷分辨率高、色彩还原度好，质量不逊色于柯达、富士等国际品牌。然而，随着数码时代悄然来临，乐凯因过分专注于胶卷产品质量的提升，而忽略了市场调研，未能及时跟进数码摄影这一新兴需求，导致其市场份额迅速被侵占，在行业转型的关键时期未能站稳脚跟。

（三）推销观念

推销观念又称销售观念，是一种"以推销为中心，以产品为出发点"的经营指导思想。它产生于20世纪20年代末，终止于20世纪40年代末，是在生产过剩、供过于求、卖方市场向买方市场转化时期产生的一种营销观念。这种观念虽然开始重视广告术及推销术，但是其实质仍然以生产为中心。

脑白金堪称运用推销观念的经典案例。在保健品市场竞争激烈的背景下，脑白金通过大规模电视广告投放，循环播放极具辨识度的广告语，并搭配商场促销等方式，反复向消费者灌输产品信息，刺激消费者的购买欲望。

二、现代营销观念

（一）市场营销观念

市场营销观念是一种"以消费者需求为中心，以市场为出发点"的经营指导思想。它认为企业应通过满足消费者需求来获取利润，即"以销定产"。

海底捞火锅是市场营销观念的践行楷模。它敏锐地察觉到消费者外出就餐时，除享受美食外，还渴望体验优质服务。于是，从进门的热情接待、就餐时的贴心服务，到免费美甲、儿童游乐区等项目，海底捞全面且细致地围绕消费者需求，精心打造用餐场景。其在产品上不断推出新锅底、菜品，满足不同消费者的口味偏好，借助社交媒体口碑营销，收获海量忠诚消费者，靠精准迎合需求在餐饮行业脱颖而出。

（二）社会营销观念

社会营销观念是一种"以社会利益为中心"的经营指导思想。它强调企业在满足消费者需求的同时，也要考虑社会的整体利益。

 企业创新

蚂蚁森林开启共赢环保路

蚂蚁森林，是支付宝推出的极具代表性与创新性的项目，完美诠释了社会营销观念。在大众环保意识日益觉醒的当下，蚂蚁森林敏锐地抓住这一契机，鼓励用户通过低碳出行、线上缴费等一系列绿色行为，积累虚拟的"绿色能量"。当能量积攒到一定程度时，即可兑换真实的树苗。在此过程中，支付宝携手众多公益组织，将这些树苗种植在荒漠化地区，为大地增添绿色生机。这一举措不仅满足了用户参与环保行动、获得成就感的心理需求，还极大地提升了支付宝的品牌美誉度，更切实地为全球环保事业贡献了不可忽视的力量，形成了用户、品牌与社会环境三方共赢的良好局面，成为践行社会营销观念的典范。

三、两类营销观念的对比

传统营销观念与现代营销观念的对比见表 2-1-1。

表 2-1-1　传统营销观念与现代营销观念的对比

类别	传统营销观念	现代营销观念
出发点	企业自身利益	消费者需求
方法	侧重增产或推销	强调整合营销
产销关系	以产定销	以需定产，产需结合
目的	追求短期利润最大化	追求长期利益与可持续发展

典型习题分析

1.（单选题）现代营销观念认为，市场营销的核心是（　　　）。

A. 产品生产与销售　　　　　　　　B. 促销推广

C. 满足消费者需求和欲望　　　　　D. 广告投放

2.（单选题）从市场营销学角度看，市场构成的三要素不包括（　　　）。

A. 人口　　　　　　　　　　　　　B. 购买力

C. 购买欲望　　　　　　　　　　　D. 购买场所

3.（单选题）秉持"消费者喜欢那些随处可得、价格低廉的产品"这一理念的营销观念是（　　　）。

A. 生产观念　　　　　　　　　　　B. 产品观念

C. 推销观念　　　　　　　　　　　D. 市场营销观念

4.（单选题）以顾客需求为导向，先洞察消费者需求，再整合资源为顾客创造、交付和传播价值的营销观念是（　　　）。

A. 生产观念　　　　　　　　　　　B. 产品观念

C. 推销观念　　　　　　　　　　　D. 市场营销观念

5.（单选题）企业的（　　　）着重阐释了企业依靠何种途径收获营收、催生利润，并达成可观的投资回报率。

A. 运营策略　　　　　　　　　　　B. 盈利模式

C. 组织架构　　　　　　　　　　　D. 企业文化

6.（单选题）营销管理的核心在于（　　　）。

A. 产品的大规模生产　　　　　　　B. 对市场需求的有效管理

C. 单纯的广告投放　　　　　　　　D. 降低产品成本

7.（单选题）下列关于营销策略的描述，正确的是（　　　）。

A. 营销策略就是简单的广告投放安排

B. 营销策略是指进入一个新市场、吸引新客户的具体举措构成的营销计划

C. 营销策略只涉及产品定价，无须考虑其他因素

D. 营销策略等同于一次短期促销活动方案

8.（单选题）随着互联网的不断完善，我们迎来了一个全新的网络时代。下列观点中不正确的是（　　　）。

A. 网络营销的迅速发展意味着传统营销必将退出历史舞台

B. 网络营销的发展不代表放弃传统营销

C. 互联网给传统市场营销活动带来了机遇

D. 互联网给传统市场营销活动带来了挑战

9.（单选题）顾客导向是现代市场营销的基本观念，它要求营销活动要以（　　　）为中心。

A. 政府机关 　　　　　　　　　　　B. 消费者

C. 生产企业 　　　　　　　　　　　D. 创新产品

10.（判断题）市场营销就是推销和广告。 （　　　）

培训课程 2　市场分析

学习单元 1　市场营销环境分析

一、市场营销环境内容

市场营销环境囊括了影响企业营销活动的诸多因素与动向，既孕育着无限机遇，又潜藏着诸多挑战。

二、市场营销环境分类

市场营销环境是企业外部生存和发展的基础，包括宏观营销环境和微观营销环境，如图2-2-1所示。

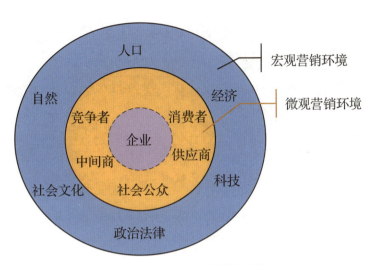

图 2-2-1　市场营销环境

（一）宏观营销环境

宏观营销环境是指市场营销环境中间接影响企业营销活动的，不可控制但应尽量去适应的外部力量，包含政治法律、科技、经济、人口、自然、社会文化等方面，具体内容见表 2-2-1。

表 2-2-1　宏观营销环境

环境类别	关键要素	示例
政治法律环境	政府政策法规、税收制度、行业监管力度	新能源企业享受补贴和税收减免政策
科技环境	科技创新速度、数字化应用、新技术渗透率	直播电子商务成为新销售渠道
经济环境	经济发展阶段、收入水平、消费结构、恩格尔系数	恩格尔系数低于 30% 的国家属"最富裕"级别
人口环境	人口数量、年龄/性别结构、家庭规模、分布与增长趋势	城市人口密集区外卖服务发达
自然环境	资源储备、生态环境、气候变化	企业太阳能发电成本下降促进行业发展
社会文化环境	价值观、消费习俗、健康环保理念	瑜伽馆数量快速增长

 企业创新

抖音：科技赋能，改写企业营销版图

随着互联网和移动技术的普及，抖音吸引了庞大的用户群体，为企业提供了广阔的

营销空间。企业可借助抖音短视频的功能，以生动有趣的视频内容，迅速吸引用户关注，打破传统营销的地域限制与时间限制。

人工智能推荐算法技术是抖音的核心科技。它通过分析用户的浏览、点赞、评论等行为数据，精准地向用户推送企业营销视频，使企业能精准触达目标客户群体，从而提升营销效率与转化率。实时互动技术也为抖音营销注入了新的活力。企业可以通过直播与用户进行实时互动，在直播中回答问题、收集反馈，这不仅增强了用户黏性，还加深了他们对品牌的认同感。

（二）微观营销环境

微观营销环境是指市场营销环境中直接影响企业营销活动的各种因素，主要包含消费者、供应商、社会公众、中间商、竞争者。微观营销环境对企业营销活动的影响往往更直接、更具体，可控性更强。

1. 消费者

消费者是企业营销活动的起点，也是营销活动的对象和终点。企业的一切营销活动都应以满足消费者的需要为中心，消费者是企业最重要的环境因素。

作为营销活动的核心受众，不同类型消费者（如个人消费者、企业客户）等，具有不同需求、购买习惯及决策流程，这构成了企业细分市场的重要依据。

2. 供应商

稳定且优质的供应商，是确保原材料品质、供应时效的关键，与供应商关系破裂，极有可能造成生产线停滞。优质原材料是产品品质的基础，尤其是食品企业，其对食材新鲜度、安全性要求极高，劣质原材料将引发严重质量事故。

3. 社会公众

社会公众是指对企业经营活动有实际的或潜在的兴趣和影响的团体，涵盖金融、媒体、社区等各类公众群体。良好的公众关系有利于帮助企业树立正面形象，反之，则可能引发公关危机，对企业造成负面影响。

4. 中间商

中间商指诸如批发商、零售商、代理商等中介机构，其搭建起产品流向终端消费者的桥梁。中间商的铺货能力和渠道掌控力直接决定了产品的市场覆盖范围。

5. 竞争者

每一个企业都会面临各种不同类型的竞争，这些竞争可能来自同行业竞争者，也可能来自不同行业竞争者。竞争者的产品特性、价格策略、促销手段，会迫使企业不断优化自身营销组合，挖掘自身差异化竞争优势。

从消费需求的角度划分，竞争者可分为四种类型：愿望竞争者、普通竞争者、产品形式竞争者和品牌竞争者，如图 2-2-2 所示。

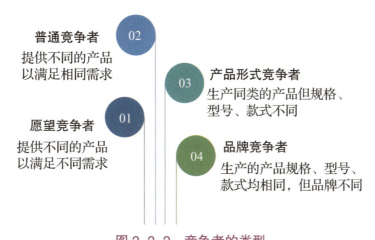

图 2-2-2　竞争者的类型

三、市场营销环境分析与对策

企业需定期开展市场营销环境分析，以便灵活调整策略，有效应对内外环境的持续变化。深入分析市场营销环境后，企业应制定灵活且适应性强的营销策略，以保障对市场变化和消费者需求的快速响应。

SWOT 分析是一种战略规划工具，用于评估一个组织、项目、产品或个人的优势（Strengths）、劣势（Weaknesses）、机会（Opportunities）和威胁（Threats）。

（一）优势与劣势（内部环境分析）

企业应在能够识别外部环境中的机会的同时，必须拥有相应的竞争能力来把握机会。每个企业应定期检查自己的优势与劣势。

1. 优势

优势是指组织或项目相较于竞争对手所具备的有利条件和资源，如品牌声誉、专利技术、财务状况、员工技能、市场份额等。

2. 劣势

劣势是指组织或项目相较于竞争对手在条件或资源上的不足，如资金匮乏、技术滞后、管理低效等。

（二）机会与威胁（外部环境分析）

企业的外部环境机会是指市场上存在的或潜在的消费需求。同一环境机会对于不同企业的影响是不同的，其对一部分企业可能是有利的机会，而对另外一部分企业又可能成为威胁。

1. 机会

机会是指外部环境中有利于组织或项目发展的因素，如市场需求增长、政策支持、技术进步、竞争对手失误等。

2. 威胁

威胁是指外部环境中可能对组织或项目产生负面影响的因素，如竞争加剧、市场需求减少、政策限制、技术变革等。

（三）威胁－机会分析矩阵

一般情况下，市场营销环境中机会与威胁并存。企业可利用威胁－机会分析矩阵进行深入分析，如图2-2-3所示。

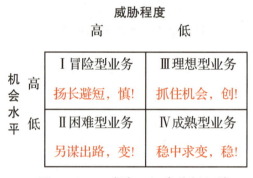

图 2-2-3　威胁－机会分析矩阵

（1）面对冒险型业务，企业需在利益与风险间权衡，全面审视自身优劣势，发挥所长，规避短板，审慎决策以实现利益最大化。

（2）面对困难型业务，企业必须想办法扭转局面，改变环境，或另谋出路，走出困境。

（3）面对理想型业务，当利益明显超越风险时，企业应果断把握契机，迅速采取行动，以免错失宝贵的机遇。

（4）面对成熟型业务，企业可维持成熟型业务，取得平均利润，同时为开展其他业务做准备。

学习单元2　消费者购买行为分析

消费者购买行为指的是消费者为了满足个人、家庭或社会需求，寻找、选择、购买、使用、评价及处置产品、服务时所展开的一系列活动。

一、影响消费者购买行为的因素

影响消费者购买行为的因素极为复杂，主要包括文化、社会、个人和心理四个关键因素。

（一）文化因素

1. 文化和亚文化

文化代表着一个社会群体共享的价值观、偏好与习俗，可强力塑造消费模式。依据民族、种族及地理等因素细分的亚文化群体，展现出独特的消费偏好。

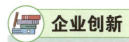 **企业创新**

故宫文创——传统文化赋能下的消费引力

故宫文创作为依托故宫博物院的国有品牌，将传统文化巧妙融入产品，极大地影响了消费者的购买行为。中国有着深厚的宫廷文化底蕴，大众对神秘又精致的宫廷物件满怀好奇与向往。故宫文创敏锐地捕捉到了这一点，推出一系列古风文创，如印有故宫藏品图案的笔记本和以宫廷人物为造型的冰箱贴等。

春节时，故宫文创推出带有"福"字、瑞兽元素的新春礼盒文创，借传统年俗激发消费者的购买欲，消费者也借此把宫廷福气带回家；而在日常生活中，美妆爱好者因对中国古代妆容文化感兴趣，会购买故宫口红，以感受古典配色与传统审美；学生群体受传统文化熏陶，也热衷于购买故宫书签、拼图，并在使用产品的过程中领略古人智慧。

2. 社会阶层

社会阶层差异导致消费者消费观念和购买行为不同。高等阶层消费者追求身份象征；中等阶层消费者更看重产品品质与性价比；低等阶层消费者关注产品基本功能和价格。

（二）社会因素

1. 群体影响

消费者购买决策受其身边群体的影响。如明星、网红等具备较强带货能力的公众人物会影响消费选择；亲友建议会影响对普通商品的购买决策；同事则会影响职场相关的购买行为。

2. 家庭作用

家庭不仅是消费的基本单元，还是影响消费决策的重要因素。大额商品的购买通常需要通过家庭商议；特定家庭角色，如家长在购买儿童用品时，会考虑产品的安全性和教育性。

3. 角色地位

个体的社会和家庭角色地位决定消费需求。职场高层倾向于购买高端服饰以符合形象，而学生群体则倾向于购买流行品以融入社交。

（三）个人因素

个人因素，如年龄、性别、收入等均会影响购买决策。年轻人通常追求时尚，中年人则更关注家庭稳定；性别差异影响消费者在美妆和数码产品方面的偏好；经济状况影响消费者购买力；个性差异影响消费者的产品选择。诸多个人因素共同作用，影响着消费者的购买行为。

（四）心理因素

1. 消费者的购买行为受心理因素的影响

（1）动机是驱动消费者购买行为的核心力量，依据马斯洛需求层次理论，消费者的购买决策受到生理需求、安全需求、社交需求、尊重需求及自我实现需求等不同层次的驱动，如图2-2-4所示。

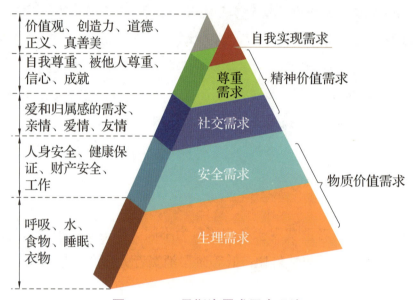

图 2-2-4　马斯洛需求层次理论

（2）感知系统具有筛选功能，消费者倾向于关注与兴趣相符的广告内容，对喜爱品牌的负面评价不敏感，并倾向于长期记忆积极体验，这些因素都会影响决策过程。

（3）学习过程在消费者行为中也占据重要地位。例如，通过初次网络购物经历，消费者学会如何分析商家的信誉及产品的细节，不断积累知识，从而调整和优化自己的购买行为。

（4）内在信念和态度对消费者的购买行为起指引作用。例如，对有机食品坚信不疑的消费者，价格不是其主要考虑因素；而对网红零食持迟疑态度的消费者，通常不会对其产生消费行为。这些心理因素共同影响消费者的购买行为。

2. 消费者的心理动机

（1）理智动机：消费者在购买时注重商品的性价比、质量和功能，通过比较信息后慎重决策，从而以合理价格获取所需优质商品。

（2）情感动机：消费者基于情感偏好购买，如因喜爱动漫角色而购买其周边产品，或因广告文案冲动购物，易受情感动机影响的消费者往往更看重个人喜好和情感共鸣。

（3）惠顾动机：消费者因信任和好感反复购买特定品牌的商品或光顾特定店铺，如因优质购物体验成为忠诚消费者，在后续有需求时优先选择该产品。

二、消费者行为模式特征

在当前多变的消费环境中，互联网技术的快速发展促使消费者展现出新的行为模式，每种行为模式都具有鲜明的特征，具体内容见表2-2-2。

表 2-2-2　消费者行为模式特征分析

特点	核心表现	示例
便捷性追求	消费者突破时间与空间限制，随时随地利用碎片化时间购物，节省时间与体力成本	通勤、午休、深夜通过电子商务 App 一键下单
信息搜集主动性强	消费者主动通过多平台搜集评测、评价、成分分析等信息，自主构建购买决策依据	在小红书等平台搜索美妆产品使用效果
个性化需求凸显	消费者的小众兴趣释放，追求独特、贴合自身偏好的定制化产品与服务	定制印有动漫图案的 T 恤衫
社交互动性高	消费者的购物行为与社交结合，可在网络分享体验、参与话题讨论，与品牌及其他消费者互动，以增强购物乐趣	朋友圈 / 微博晒单并附使用心得

三、消费者购买决策过程

鉴于消费者类型的多样性以及消费品在种类和品质上的丰富性，消费者购买决策过程呈现出多样化的特点，一般分为五个阶段：问题认知、信息搜集、方案评价、购买决策、购后行为，如图 2-2-5 所示。

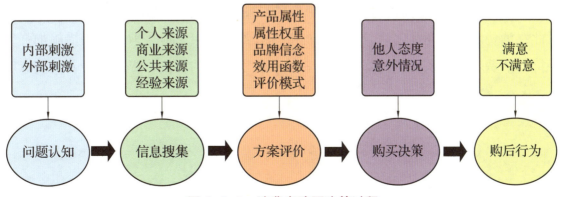

图 2-2-5　消费者购买决策过程

（一）问题认知

问题认知阶段是消费者购买决策过程的起点。消费者认识到自身的某种需要，即开始了购买过程。问题认知由内部刺激或外部刺激引起。营销者应抓住时机，采取措施，引起和强化消费者的需要。

（二）信息搜集

为了作出明智的购买决策，消费者需了解市场行情。消费者购买信息来源，见表2-2-3。

表2-2-3　消费者购买信息来源

消费者购买信息来源	内容
个人来源	家庭成员、朋友、邻居或同事等提供的信息
商业来源	推销员、零售商、广告、展销会、商品包装或说明书等提供的信息
公共来源	大众传媒、消费者保护组织等提供的信息
经验来源	消费者从亲自接触、使用商品的过程中获得的信息

（三）方案评价

消费者将得到的信息进行分析、整理、比较，从质量、效用、款式、价格、品牌、售后服务等方面对各种商品进行评价，确定购买意向。

（四）购买决策

购买决策阶段是消费者购买决策过程中最为核心且至关重要的环节。消费者可能根据方案评价阶段所形成的购买意向作出购买决策，完成交易过程，但也有可能受到他人的态度或意外情况的影响，改变购买意向。营销者应注意把握成交时机，促使消费者购买。

（五）购后行为

消费者在购买商品后，依据个人使用体验及他人评价，会形成满意或不满意的反馈。

（1）消费者若感到满意，可能会继续采购该商品，并向他人宣传该商品的优点。

（2）消费者若感到不满意，不仅会拒绝再次购买，还可能选择退货，并劝阻他人购买。

因此，消费者购买商品之后，营销者的工作并没有结束，应采取有效的措施加强售后服务，保持与消费者的联系，尽量降低消费者购买后不满意的程度，提高消费者的满意度和忠诚度。

典型习题分析

1.（单选题）随着健康生活理念深入人心，运动健身市场迅速扩张，对于运动器材制造商来说，这是SWOT分析中的（   ）。

　　A. 优势　　　　　　B. 劣势　　　　　　C. 机会　　　　　　D. 威胁

2.（单选题）企业在所预期的市场中有可能获得的潜在财务收入属于SWOT分析中的（   ）。

　　A. 优势　　　　　　B. 劣势　　　　　　C. 机会　　　　　　D. 威胁

3.（单选题）企业在同一个市场空间中经营、销售同类产品是（   ）的一种常见表现形式。

　　A. 市场竞争　　　　B. 市场机会　　　　C. 组织发展　　　　D. 企业优势

4.（单选题）下列属于宏观营销环境要素的是（   ）。

　　A. 消费者　　　　　B. 中间商　　　　　C. 人口　　　　　　D. 竞争者

5.（单选题）小王看到同事小李买了一台游戏机，觉得很好，于是准备星期天自己也去选购一台，这里小王处于购买决策过程的（   ）阶段。

　　A. 认知需要　　　　B. 收集信息　　　　C. 购买决策　　　　D. 选择评价

6.（单选题）刘先生去商场逛了几家手表店，在销售员的推荐下，购买了某男士手表。这种信息来源是（   ）。

　　A. 个人来源　　　　B. 商业来源　　　　C. 公共来源　　　　D. 经验来源

7.（单选题）网络消费者的心理动机一般包括惠顾动机、情感动机和（   ）。

　　A. 自我实现需求动机　　　　　　　　B. 尊重需求动机

　　C. 安全需求动机　　　　　　　　　　D. 理智动机

8.（单选题）要赢得网络消费者的忠诚，以下做法最为关键的是（   ）。

A. 频繁推出大规模促销活动，用低价吸引消费者持续购买

B. 不断拓展销售渠道，入驻各大热门电子商务平台，增加产品曝光度

C. 借助大数据、用户调研等方式，逐步了解和理解消费者，针对性优化服务与产品

D. 邀请明星网红进行产品代言，利用名人效应带动销售量

9.（判断题）SWOT模型中的"S"指的是市场机会。　　　　　　　　　　（　　）

10.（判断题）5G技术的应用对企业的营销方式不产生影响。　　　　　　（　　）

培训课程3　目标市场营销策略

学习单元1　市场细分

一、市场细分概述

市场细分是指企业依据特定标准，将整体市场细分为多个具有不同需求的消费群体，每个消费群体构成一个子市场，各子市场间的消费需求存在显著差异。市场细分的核心在于识别出具有相似需求、偏好、购买行为的消费群体，以便企业能够精准聚焦，制定更契合目标消费群体的市场营销策略。

企业创新

精准细分，满足多元需求

某绿色健康有机食品公司通过对市场进行深入调查，识别出健康意识消费者、环保主义消费者及价格敏感型消费者等不同的消费群体。针对健康意识消费者，公司加强了对产品健康特性的宣传，并提供了专业的营养师咨询服务；针对环保主义消费者，公司强调了产品的有机种植方式，以及对可持续农业的贡献，并推出了环保包装；针对价格敏感型消费者，公司推出了一系列经济实惠的有机产品线，同时确保了产品的高质量标准，并提供了会员优惠和定期促销活动。

二、市场细分的目的与意义

（1）精准定位：市场消费者需求纷繁复杂。通过市场细分，企业能够从复杂的市场环境中厘清脉络，精准定位目标消费群体。例如，某手机品牌在创立初期，将目标消费群体定位为追求高性价比智能手机的年轻科技爱好者，集中发力，迅速打开了市场局面。

（2）资源聚焦：企业资源有限，细分后的市场能让资源精准适配。把人力、物力、财力投入有潜力、需求旺盛的子市场，避免四处撒网造成的浪费。如某美妆品牌，专注于中式美学彩妆这一细分赛道，将研发、营销资源汇聚于此，而非分散在整个美妆领域。

（3）提升竞争力：针对特定消费群体进行深入挖掘，企业能够更精准地把握需求，开发出更加契合的产品、设计更有针对性的服务，并制定更精准的营销策略，从而在市场中脱颖而出。

三、市场细分标准

（一）地理细分

地理细分是指根据消费者所处的地理位置和自然环境，如国家、地区、城市规模、气候等进行市场细分。不同地区的消费者因气候、文化、经济发展水平不同，需求和消费习惯各异。

案例：某羽绒服品牌近年来凭借高品质的产品和不断创新的设计，赢得了广大消费者的青睐。在北方，其推出保暖型羽绒服，而在南方，则推出轻薄时尚款羽绒服，以满足不同地区消费者对保暖性能和时尚设计的需求。

（二）人口细分

人口细分是将人口统计变量，如年龄、性别、收入、职业、教育程度、家庭规模等作为市场细分依据。这些变量与消费能力和偏好紧密相关。

案例：某美妆品牌针对年轻"Z世代"女性消费者推出联名彩妆系列，并丰富美妆产品线，同时开发男性基础护肤产品，拓展市场。

（三）心理细分

心理细分是指依据消费者生活方式、个性、购买动机、价值观念等心理变量进行市场细分。消费者的心理特征深刻影响着他们对产品的兴趣及最终的购买决策。

案例：某汽车品牌针对追求品质生活和社交认同感的高收入群体，打造高端车主俱乐部，同时宣传环保和智能技术，吸引环保和科技爱好者的关注。

（四）行为细分

行为细分是根据消费者对产品的了解程度、态度倾向、使用状况及反馈，将其划分为不同的消费群体。行为细分涉及购买时机、使用频率、品牌忠诚度等行为变量。

案例：某购物平台通过拼团模式吸引价格敏感型用户，通过简化操作、主打刚需品类、降低网购门槛的方式，迅速扩张市场。

市场细分标准及其具体变量见表2-3-1。

表 2-3-1　市场细分标准及其具体变量

市场细分标准	具体变量
地理细分	国家、气候、人口密度、城乡、地理位置、交通环境、城市规模等
人口细分	年龄、性别、职业、收入、受教育程度、家庭结构、种族、社会阶层、家庭生命周期等
心理细分	生活方式、性格、兴趣、偏好、对各种营销因素的敏感程度等
行为细分	购买动机、购买时机、追求的利益、使用频率、品牌与商标的信赖程度、使用者情况等

学习单元 2　目标市场选择

一、目标市场及其选择模式

目标市场是企业营销策略的核心，基于对市场细分的分析，企业可识别并选择具有相似需求的消费群体作为目标。企业可采用五种选择模式来占领目标市场，具体如图 2-3-1 所示。

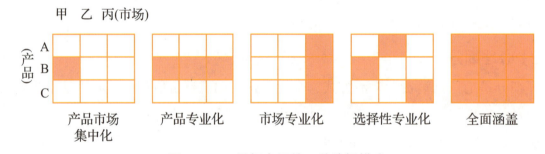

图 2-3-1　目标市场的五种选择模式

（一）产品市场集中化

产品市场集中化是指企业专注细分市场，如小型服装企业定制职业装。企业能够集中资源深入了解消费者需求，提供产品与服务，树立专业形象。但该选择模式风险集中，细分市场波动可能影响企业经营。

（二）产品专业化

产品专业化是指企业集中生产一种产品，服务各类顾客，如灯具制造企业专注生产不同类型灯具。该选择模式下，企业能够改进专业技术与积累声誉，但当产品被替代或市场需求下降时，企业将面临困境。

（三）市场专业化

市场专业化是指企业专注于为某类特定消费者提供产品或服务，如医疗设备企业仅向医院供应设备、耗材及相关服务。企业通过深入了解消费者需求，能够建立长期稳定的合作关系，然而，当消费者需求变化或购买力下降时，企业业务将受到一定影响。

（四）选择性专业化

选择性专业化是指企业挑选多个细分市场，如家电企业针对不同消费群体推出不同家电。各细分市场间联系少，可分散经营风险，一个市场不佳不影响其他市场。但要求企业具备较强的资源与能力。

（五）全面涵盖

全面涵盖是指企业用各种产品满足不同消费者需求，如某饮料企业通过多种饮料产品覆盖不同消费者。企业能够最大程度占领市场，获取规模效益，但需要大量资源与强大的运营能力，企业将面临激烈的竞争。

二、目标市场营销策略

在商业竞争的激烈战场上，目标市场营销策略宛如企业的战略蓝图，指引其前进的方向，主要包含三种类型，见表 2-3-2。

表 2-3-2　目标市场营销策略

策略类型	核心思想	优势	劣势	示例
无差异性市场营销策略	将整个市场视为同质化整体，聚焦消费者的共同需求，忽视个体差异	降低生产成本与营销成本，简化管理流程	难以满足多样化需求，易陷入同质化竞争	老干妈：一种辣酱卖全球
差异性市场营销策略	划分多个细分市场，针对不同消费群体需求定制差异化营销策略	提升消费者满意度与销售量，增强市场适应性，分散经营风险	研发、生产、推广成本高，管理复杂度增加，资源分散可能导致效率下降	华为：多线覆盖全场景
集中性市场营销策略	聚焦单一或少数细分市场，集中资源深耕特定领域	资源利用效率高，专业化形成竞争壁垒，成本效益显著	市场覆盖范围狭窄，抗风险能力弱	元气森林：专注无糖垂直领域

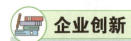 企业创新

伊利"须尽欢"，聚焦中高端消费群体

国产雪糕品牌伊利"须尽欢"在市场竞争中，凭借集中性营销策略脱颖而出。它精准定位追求品质生活、注重健康与国风美学、购买力较强的中高端年轻人群。这类消费者对价格相对不敏感，更看重产品的原料、健康属性与文化内涵。

伊利"须尽欢"选用优质生牛乳、天然食材，打造如"团扇造型冰淇淋""轻乳酪系列"等独特产品，强调减糖、高蛋白等健康标签，并融入国潮设计元素，满足目标人群对品质、健康与个性的需求。

三、影响选择目标市场营销策略的因素

企业在选择目标市场营销策略时，需综合考虑以下几方面。

（一）企业资源

资源雄厚的企业可采用差异性市场营销策略，如某手机品牌推出全系列手机；小型企业则更适合采用集中性市场营销策略，聚焦某一细分市场。

（二）产品特性

同质性较高的产品更适合采用无差异性市场营销策略，如基础日用品；而异质性强的产品则需运用差异性或集中性市场营销策略，以更好地满足消费者的个性化需求。

（三）市场需求特点

市场需求相似时，无差异性市场营销策略可覆盖更大面积的消费群体，节省成本。市场需求差异大时，差异性或集中性市场营销策略更有效。

（四）产品生命周期阶段

在产品生命周期的导入期，企业通常采用无差异性市场营销策略，以广泛吸引消费者。进入成长期和成熟期后，企业转而采用差异性市场营销策略，通过产品创新和市场细分来巩固和扩大市场份额。到了衰退期，企业则倾向采用集中性市场营销策略，专注于核心消费群体，以维持业务的稳定。

（五）竞争对手策略

在无差异竞争的市场环境中，企业可选择实施差异性市场营销策略，通过提供独特的产品或服务满足不同消费群体的需求，从而提高消费者对企业的信任感和产品的竞争力；或者企业可以采用集中性市场营销策略，专注于特定细分市场，通过集中资源来满足这一市场的特定需求，提高市场占有率。当竞争对手已在特定细分领域建立稳固地位时，企业需要寻找

市场中的差异化缝隙，或者通过成本领先策略来获得竞争优势。

学习单元 3 市场定位

一、市场定位概述

市场定位是指企业依据竞争对手产品的市场占位，结合消费者对产品特性的偏好，为自身产品塑造一个独特且易于辨识的形象，并精准地将这一形象传递给目标消费群体，从而确立产品在市场中的差异性定位。

二、市场定位策略

市场定位策略是一种竞争策略，显示了一种产品与其他企业同类产品或企业之间的竞争关系。定位方式不同，竞争态势也不同。常见的市场定位策略见表2-3-3。

表 2-3-3　市场定位策略

策略类型	核心思想	优势	劣势	示例
避强定位	避开强大竞争对手，专注竞争薄弱的细分市场，满足特定需求	降低竞争风险；精准满足小众需求	市场规模受限；品牌易被忽视或模仿	老年手机、儿童手机
迎头定位	与强大竞争对手正面竞争，争夺市场份额	快速提升品牌影响力；激发创新活力	资源投入大；高风险	幸运咖对标瑞幸咖啡
重新定位	调整产品或品牌原有定位，适应市场变化或新需求	适应动态市场；突破成长瓶颈	需重塑消费者认知；可能流失原有消费者	李宁转型"国潮"品牌
寻找市场定位	挖掘未被满足的潜在需求，填补市场空缺，开发特色产品	开拓新增长点；抢占先发优势	需精准洞察需求；市场不确定性高	元气森林开创无糖气泡水市场

企业创新

"国潮"定位焕新，激发品牌活力

随着国潮兴起，李宁洞察到消费者对传统文化热情高涨，且追求个性与时尚。于是，将品牌重新定位为"国潮"运动品牌，以"让改变发生"为理念，将中国传统文化元素与现代运动时尚深度融合。

产品设计方面，如"悟道"系列，运用中国传统服饰剪裁与色彩，融入现代运动科技，既展现文化底蕴又保证运动性能。

营销传播方面，李宁借助时装周等国际舞台，展示中国风设计，吸引全球目光。同时，利用社交媒体，发起国潮相关话题互动，引发消费者共鸣。李宁在保持原有性价比优势基础上，以产品文化与设计附加值，适度提升价格，契合品牌升级定位。通过重新定位，李宁成功激发品牌新生，吸引了更多年轻消费者，大幅提升了市场竞争力与品牌影响力。

三、网络目标市场定位

网络目标市场定位与传统市场定位在诸多方面存在共通点，同时不乏显著的差异点。

（一）共通点

1. 目标

网络目标市场定位与传统市场定位均旨在帮助企业明确目标消费群体和市场位置，满足消费者需求，实现盈利与发展。

2. 分析方法

网络目标市场定位与传统市场定位均需进行市场细分，评估细分市场吸引力，选择最有价值的目标市场。

3. 重视顾客需求

网络目标市场定位与传统市场定位均需通过市场调研了解消费者需求，开发适配产品，制定相应的营销策略，提升顾客满意度。

（二）差异点

1. 市场环境

传统市场定位受地域因素限制，市场覆盖范围相对狭窄，竞争主要集中在本地或特定区域内；网络目标市场定位则不受地域限制，能够触及全球范围内的消费者，从而使得竞争范围扩展至全球。

2. 消费者行为

传统市场定位的消费者需亲临实体店购物，决策过程较长且易受现场因素的影响；网络目标市场定位的消费者购物便捷，决策周期可能缩短，但易受网络评价和促销活动的影响。

3. 信息传播

传统市场定位主要通过电视、报纸等传统媒体传播信息，成本高，精准度有限；网络目标市场定位利用互联网平台传播信息，成本低，能实现精准营销。

4. 产品特点

传统市场定位的产品多为可直接观察和触摸的实物产品；网络目标市场定位的产品包括

实物产品和数字化产品，消费者更注重便捷性和个性化，如消费者可通过网络平台按需定制自己想要的手机壳。

典型习题分析

1.（单选题）市场细分进行分类的对象是（　　）。

A. 各种产品　　B. 生产同种产品的企业

C. 对同一产品需求各异的消费者　　D. 对不同产品需求各异的消费者

2.（单选题）某电子商务平台根据消费者购买频率，将经常购买的消费者划分为“忠诚消费者”，并为其提供专属优惠。这是基于（　　）进行市场细分的。

A. 人口因素　　B. 地理因素　　C. 心理因素　　D. 行为因素

3.（单选题）某生鲜电子商务平台，在深圳设置了关内和关外不同的配送策略，且在广州针对中心城区和周边城区提供不同的优惠活动。该电子商务平台进行市场细分的依据是（　　）。

A. 人口因素　　B. 地理因素　　C. 心理因素　　D. 行为因素

4.（单选题）某家潮流手办网店，专门为那些具有强烈的动漫角色认同感，渴望通过手办展示独特个性的动漫爱好者，定制限量版、造型极具创意的手办。该网店进行市场细分时主要考虑的是（　　）细分。

A. 人口因素　　B. 地理因素　　C. 心理因素　　D. 行为因素

5.（单选题）某企业发现其所处市场中，消费者对产品的需求差异极小，大部分消费者更重视产品的基本功能。于是该企业决定推出一款标准化产品来满足整个市场需求，该企业运用的是（　　）。

A. 无差异性市场营销策略　　B. 差异性市场营销策略

C. 集中性市场营销策略　　D. 多元化市场营销策略

6.（单选题）某小型手工饰品店，由于店面规模小、资金不足，决定只针对年轻女性中热爱复古风格饰品的消费群体，制作并售卖复古风格的手工饰品。该饰品店选择目标市场的策略是（　　）。

A. 无差异性市场营销策略　　B. 差异性市场营销策略

C. 集中性市场营销策略　　D. 多元化市场营销策略

7.（单选题）某知名母婴平台，全方位涵盖育儿知识分享、母婴产品推荐及亲子活动组织等业务，从孕期护理到孩子成长的各个阶段，为新手爸妈们提供一站式服务。该平台采用的网络市场定位方法是（　　）。

A. 产品特色定位　　B. 利益定位　　C. 使用者定位　　D. 竞争定位

8.（单选题）某新兴的云存储服务提供商，在进入市场时，面对行业内如百度网盘、腾讯微云等占据大量市场份额的巨头，没有选择在通用云存储服务上与其正面竞争，而是专注为科研团队提供高安全性、定制化的专业数据存储解决方案。该云存储服务提供商采取了（　　　　）的网络市场定位策略。

    A.避强定位   B.迎头定位   C.创新定位   D.重新定位

9.（判断题）在产品市场初期成长阶段，由于产品种类较为单一且面临的竞争者数量有限，网络企业可实施无差异性市场营销策略。（　　　）

10.（判断题）网络目标市场定位也就是产品定位。（　　　）

培训课程4　市场营销组合

市场营销组合是企业根据市场需求，综合考虑自身任务、目标、资源和外部环境，优化配置可控因素以满足目标市场需求并实现企业经营目标。1960年，杰罗姆·麦卡锡提出"4P理论"，包括产品、价格、渠道和促销（图2-4-1）。20世纪80年代，学者们在"4P理论"中加入政治力量和公共关系，形成"6P营销理论"，包括产品、价格、渠道、促销、公共关系和政治力量。

通过合理配置和协调产品、价格、渠道和促销四大要素，企业能更有效地满足市场需求，提升竞争力，实现盈利目标。"4P理论"的四大要素相互依存，缺一不可。产品是基础，价格是杠杆，渠道是桥梁，促销是催化剂。企业需要根据市场变化灵活调整组合策略，以应对市场竞争，满足消费者多样化需求，最终实现可持续发展。

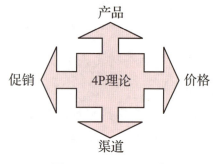

图2-4-1　4P理论

学习单元1　产品策略

一、产品和产品策略的定义

产品是指人们通过购买而获得的能够满足某种需求和欲望的有形实体、服务、体验及附加价值的总和，它既包括具有物质形态的产品实体，又包括非物质形态的利益，由核心产品、有形产品、附加产品三个层次构成，如图2-4-2所示。

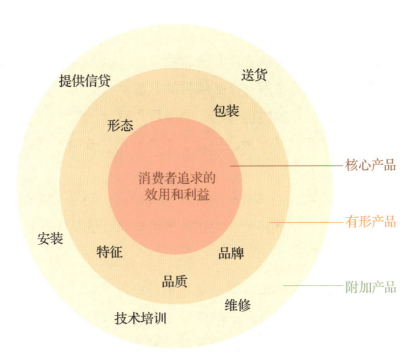

图 2-4-2 产品的整体概念

核心产品、有形产品、附加产品三个层次的具体内容见表 2-4-1。

表 2-4-1 产品整体概念的三个层次

层次名称	定义	关键要素	示例
核心产品	产品提供的基本效用或利益，满足消费者核心需求	基本功能、核心价值	化妆品（美化肌肤）、手机（通信/娱乐）
有形产品	核心产品的外在表现形式，直接影响消费者感知	质量、特色、款式、品牌、包装	手机外观设计、品牌标识、包装盒
附加产品	购买时获得的附加服务和利益，增强产品竞争力	售后服务、安装、保修、技术支持	空调免费安装、3 年质保；网购商品 7 天无理由退换

产品策略是企业在市场营销活动中，为实现经营目标，围绕产品开发、设计、组合、品牌建设及生命周期管理等方面制定的整体性决策规划。主要包括产品组合策略、产品生命周期管理、品牌策略等内容。

二、产品组合策略

（一）产品组合

产品组合指企业在一定时期内生产经营的不同产品和项目集合。

企业需通过生产多样化的产品来灵活应对市场变化，但产品种类的增加并非越多越好，关键在于精选出能创造效益的产品，并建立合理的搭配关系。

产品组合的结构可以通过以下 4 个维度来描述：产品组合宽度、产品组合长度、产品组合深度和产品组合关联性。

（1）产品组合宽度：企业拥有的独立产品线总数。

（2）产品组合长度：产品组合中所有产品项目的总数。

（3）产品组合深度：单条产品线内包含的产品项目数量。

（4）产品组合关联性：各产品线在最终用途、生产技术、分销渠道或目标用户群上的协同程度。

产品线是指满足同类核心需求、具有相同功能，但规格、型号、款式不同的产品项目集合。产品项目是指产品线中具有明确品种、规格、价格等属性的具体产品。

（二）产品组合策略

（1）企业可通过拓宽产品组合宽度和深度满足消费者的需求。例如，洗发水企业可增加护发素、沐浴露等新产品线，或在现有产品线中增加不同功效、规格的洗发水。

（2）在资源有限或市场不景气时，企业可缩减获利小、需求少的产品线或产品项目，集中资源生产利润高、需求大的产品。如某服装企业专注于生产经典、畅销款式。

（3）企业可采取向上、向下或双向延伸产品线策略。向上延伸产品线策略是指增加高档产品数量以提升品牌形象；向下延伸产品线策略是指增加低档产品数量以扩大市场份额；双向延伸产品线策略是指同时实行向上和向下延伸产品线策略，覆盖更广的市场。

（4）企业需对产品线进行现代化改造，以适应科技发展和市场变化。例如，传统制造业企业引入先进生产技术和设备，以提高产品质量和生产效率。

三、产品生命周期管理

产品生命周期是指产品从准备进入市场开始，直至最终被淘汰退出市场的整个运动过程，是由市场需求和技术进步共同塑造的生产周期决定的。它代表了产品或商品在市场中的经济寿命，即在市场流通中，由于消费者需求的变化及其他市场因素的影响，产品或商品会经历从兴盛到衰退的周期性变化。大部分情况下，产品生命周期可以划分为导入期、成长期、成熟期和衰退期四个阶段，如图2-4-3所示。

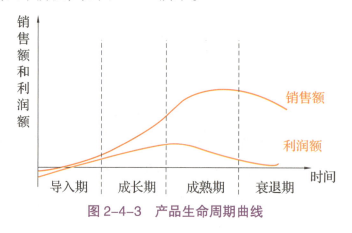

图2-4-3 产品生命周期曲线

（一）导入期的特点和营销策略

1. 导入期特点

导入期特点包括消费者对新产品缺乏了解，导致产品销售量增长缓慢；生产规模的限制及研发、市场调研、广告宣传而产生的高额投入，生产成本居高不下；利润微薄甚至可能亏损，此时的重点在于市场的开拓和品牌知名度的建立；竞争相对较少，市场尚在开拓阶段。

2. 导入期营销策略

导入期营销策略包括快速撇脂、缓慢撇脂、快速渗透、缓慢渗透四种。快速撇脂策略即以高价格和高促销费用的方式推出新产品，适用于产品差异化明显的市场环境；缓慢撇脂策略即以高价格和低促销费用的方式推出产品，适用于市场规模小、消费者了解产品且需求价格弹性小的情况；快速渗透策略即以低价格和高促销费用的方式迅速打开市场；缓慢渗透策略即以低价格和低促销费用的方式逐步进入市场，适用于市场容量大、消费者价格敏感且对产品已有初步认知的情况。

（二）成长期的特点和营销策略

1. 成长期特点

成长期特点包括销售量迅速增长，消费者认知度提高；生产成本降低，实现规模经济，单位成本减少；企业利润显著增加，成长期销售量增长带来收入增加，成本降低，利润空间增加；市场竞争加剧，企业需应对竞争压力，保持市场地位。

2. 成长期营销策略

（1）优化产品：企业紧密围绕消费者需求，不断精进产品，弥补功能短板，提升产品品质，同时创新外观设计，以此增强市场竞争力。

（2）调整价格：企业根据成本与竞争情况调整价格，吸引价格敏感型消费者，扩大市场份额，采用差别定价策略，满足多元需求，实现利润最大化。

（3）完善渠道：企业通过巩固传统线下渠道，拓展线上渠道，加强渠道管理与物流配送，为消费者提供无缝购物体验。

（4）加强促销：企业通过加大广告投放，开展多样促销活动，刺激消费者购买，举办公关活动，以塑造品牌形象，提升竞争力。

（三）成熟期的特点和营销策略

1. 成熟期特点

（1）销售量增长缓慢：市场需求趋近饱和，新增消费者数量有限，导致销售量增长减缓或停滞，如城市家庭电视普及率高，销售量增长缓慢。

（2）竞争激烈：市场表现良好能够吸引众多企业，从而导致产品同质化严重，企业为争夺市场份额在多方面展开竞争，如智能手机市场新机型的频繁推出，竞争激烈。

（3）利润稳定或下降：企业间的价格战和营销费用增加导致利润空间受压，可能会保持稳定，但增长动力明显不足，甚至出现下滑趋势，如家电行业成熟后期，部分企业降价促销，利润减少。

（4）消费者更理性：消费者对成熟期的产品已有了充分的了解，积累了丰富的购买经验，选购时更注重性价比、品牌口碑与售后服务，不再轻易被简单营销手段左右，而是综合比较各品牌产品指标后决策。

2. 成熟期营销策略

（1）市场调整策略：企业应深入挖掘现有市场，通过市场细分来发现尚未满足的消费者需求，调整产品和营销策略，如化妆品企业推出针对不同消费者的产品系列；同时积极拓展新市场，进军国际市场或开发新消费群体，如国内品牌拓展海外业务，或为中老年群体开发新功能。

（2）产品调整策略：企业改进产品质量、功能、款式，如汽车制造商推出年度改款并增加新配置；企业需根据市场变化和竞争格局重新定位产品，如高端品牌推出平价副线，以扩大市场份额。

（3）营销组合调整策略：企业可根据市场竞争态势和成本结构变化采取不同价格策略，如淡季推出折扣吸引价格敏感型消费者；优化渠道，增加线上渠道，加强与经销商的合作，提高库存利用率和物流效率；开展多样促销活动，创新采用会员制度、积分兑换、联合促销等活动，如超市与银行合作推出消费满额立减活动。

（四）衰退期的特点和营销策略

1. 衰退期特点

衰退期产品销售量遭遇困境；随着消费者偏好的转变，市场需求逐渐向新兴产品转移，消费者偏好发生显著变化；新技术和新产品的涌现进一步加剧销售量的急剧下滑，导致企业利润大幅缩减，同时面临着沉重的固定成本支出压力；市场竞争格局变化，竞争力较弱的企业被迫退出，剩余企业之间的竞争激烈；技术功能款式落后的产品被市场淘汰。

2. 衰退期营销策略

（1）维持策略：企业保持原有营销策略，维持市场份额，并等待竞争对手退出市场，获取市场份额。如小型日用品企业继续通过传统渠道销售衰退期产品。

（2）收缩策略：企业削减营销费用、降低运营成本、减少生产和销售规模，将资源集中于具有竞争优势的细分市场和销售渠道。如服装企业减少款式产量，仅在核心门店销售。

（3）放弃策略：产品无市场前景时，企业停止生产和销售，清理库存，转移资源至有潜力的产品或业务。如 VCD（Video Compact Disc，数字视频光盘）市场消失后，企业停止生产，转投智能影音设备研发生产。

四、品牌策略

品牌策略是企业在品牌创建、运营及发展过程中，为实现品牌目标而作出的一系列关键选择与规划。它贯穿品牌从无到有、从小到大的全过程，涵盖多个重要方面，对企业的市场表现和长期发展有着深远影响。

 政府方案

以高质量行动推动品牌建设迈向强国之路

2022年国家发展改革委等七部门联合印发《关于新时代推进品牌建设的指导意见》，其总体思路是以习近平新时代中国特色社会主义思想为指导，开展中国品牌创建行动，促进品牌建设高质量可持续发展。发展目标为：到2025年，品牌建设初具成效，品牌对产业提升、区域经济发展、一流企业创建的引领作用更加凸显，基本形成层次分明、优势互补、影响力创新力显著增强的品牌体系，品牌建设促进机制和支撑体系更加健全，培育一批品牌管理科学规范、竞争力不断提升的一流品牌企业，形成一批影响力大、带动作用强的产业品牌、区域品牌，中国品牌世界共享取得明显实效，人民群众对中国品牌的满意度进一步提高。到2035年，品牌建设成效显著，中国品牌成为推动高质量发展和创造高品质生活的有力支撑，形成一批质量卓越、优势明显、拥有自主知识产权的企业品牌、产业品牌、区域品牌，布局合理、竞争力强、充满活力的品牌体系全面形成，中国品牌综合实力进入品牌强国前列，品牌建设不断满足人民日益增长的美好生活需要。

重点任务包括培育产业和区域品牌，如打造提升农业品牌、壮大升级工业品牌等；支持企业实施品牌战略，如提升技术和质量水平、塑造提升品牌形象等；扩大品牌影响力，如鼓励品牌消费、引导品牌国际化等；夯实品牌建设基础，如加强品牌保护、强化质量基础设施等；组织保障，如加强组织协调、营造良好环境等。

网络品牌由品牌定位、表现形态和信息传递这三个关键层次构成。网络品牌核心要素对比见表2-4-2。

表 2-4-2　网络品牌核心要素对比

要素名称	核心思想	关键构成	核心作用	示例
品牌定位	明确市场定位与目标消费群体，塑造差异化竞争优势	目标市场选择，价值主张定义	吸引特定消费者，实现竞争突围	小米——为"发烧"而生（核心价值：科技、性价比、极客精神）

续表

要素名称	核心思想	关键构成	核心作用	示例
表现形态	通过视觉与符号系统建立品牌识别度	品牌名称/标志，视觉设计/包装	增强辨识度与记忆点	小红书——红色图标＋标记生活（视觉符号：高辨识度图标与标语）
信息传递	精准传达品牌价值与产品特性	传播渠道选择，核心信息一致性	建立消费者信任与品牌忠诚度	抖音——记录美好生活（核心沟通指令：强调平台价值与用户行为引导）

学习单元2　价格策略

一、定价原理

（一）价格的构成

价格代表单位货物或服务的经济价值，其构成包括生产成本、流通费用、利润及税金四个主要部分，如图2-4-4所示。

图2-4-4　价格的构成

（1）生产成本包括直接材料、人工和制造费用，是价格基础，企业覆盖生产成本有利于持续经营。

（2）流通费用涵盖运输、仓储、包装和装卸等费用，这些都会提高产品最终价格。

（3）利润是销售产品后扣除成本和税金的剩余收益，分为正常利润与超额利润，是企业持续经营的核心，体现了企业的合理回报。

（4）税金是企业依法向国家缴纳的款项，包括增值税、消费税和企业所得税，这些税负通常会分摊至产品成本中。

（二）影响产品定价的因素

影响产品定价的常见因素包括内部因素、外部因素，具体见表2-4-3。

表 2-4-3　影响产品定价的常见因素

因素	关键点	示例
内部因素		
营销目标	低价渗透（抢占市场），高价策略（利润最大化）	小米初期低价策略
产品成本	覆盖固定成本与变动成本，确保合理利润空间	制造业需核算原材料、人工等成本
生命周期阶段	导入期（高价/低价策略），成长期至衰退期（价格逐步调整）	新科技产品高定价（快速掠取）；成熟期降价维持份额
外部因素		
市场需求	价格弹性决定定价空间（弹性大可低价，弹性小可高价）	日用品价格敏感；药品因刚性需求定价高
竞争状况	竞争激烈则价格受限制，垄断企业可自主定价	智能手机市场连锁调价；公用事业垄断定价
宏观环境	经济周期（繁荣期提价/衰退期降价）	经济危机时促销折扣；政府管制生活必需品价格

二、定价方法

（一）成本导向定价法

成本导向定价法是指根据产品或服务的总成本，在此基础上加上期望的利润和应缴税金来确定最终售价。

此方法简洁易行，能有效确保价格覆盖成本并保障盈利。然而，在市场需求和竞争态势相对稳定的情境下，它可能会忽略消费者需求的变化和竞争对手的策略调整，从而削弱市场适应能力。

成本导向定价法包括以下三种。

（1）成本加成定价法：计算单位产品变动成本，分摊固定成本，按目标利润率决定价格。

（2）盈亏平衡定价法：在销售量既定条件下，价格需要达到盈亏平衡点。

（3）目标利润率定价法：根据预期销售量、总成本和目标利润确定单位产品价格。

（二）需求导向定价法

需求导向定价法侧重于根据消费者的需求强度和价格承受能力来定价，它强调价格要与消费者的需求和期望相契合，以实现利润的最大化。

需求导向定价法包括以下两种。

（1）认知价值定价法：基于消费者对产品价值的认知定价，需通过市场调研了解消费者的评价。

（2）需求差异定价法：根据消费者需求强度、购买时间和地点等因素制定不同价格。

（三）竞争导向定价法

竞争导向定价法以竞争产品价格为依据，适当调整竞争策略，进而使产品价格具有竞争力。竞争导向定价法包括以下三种。

（1）随行就市定价法：按照行业平均价格水平定价，适用于产品同质化程度高的市场。

（2）密封投标定价法：根据对竞争对手报价的估计来确定投标价格，目的是保证中标并获得利润。

（3）竞争价格定价法：分析竞争对手情况，结合自身产品优势或劣势来定价。

定价方法如图 2-4-5 所示。

图 2-4-5　定价方法

三、定价策略

定价策略涵盖新产品定价策略、折扣定价策略、差别定价策略及心理定价策略等多种类型，每种策略下又细分出不同的子策略，如新产品定价策略包含撇脂定价、渗透定价和满意定价策略，具体内容见表 2-4-4。

表 2-4-4　定价策略

定价策略	子策略类型	核心思想	适用场景	示例
新产品定价策略	撇脂定价	高价入市，快速获取高利润	技术领先、需求刚性、无竞品阶段	华为 MateX 折叠屏手机（初期高价）
	渗透定价	低价抢占市场份额	市场容量大、价格敏感度高、存在规模效应	拼多多低价快速渗透下沉市场
	满意定价	折中定价平衡利润与销售量	竞争稳定、需求弹性适中	家电新品常规定价（如空调终端价格）

定价策略	子策略类型	核心思想	适用场景	示例
折扣定价策略	现金折扣	鼓励提前付款，加速资金回笼	企业现金流压力大、需降低坏账风险	10 天内付款享 20% 折扣
	数量折扣	刺激批量购买（累计/非累计）	库存压力大、需提升单次交易量	买 10 件享 9 折，买 20 件享 8 折
	季节折扣	淡季促销平衡产销	季节性商品或服务	滑雪装备夏季 5 折，酒店淡季降价
差别定价策略	因顾客而异	根据支付能力分层定价	消费群体分层明显（如学生、儿童）	高铁学生票 7.5 折，儿童票 5 折
	因式样而异	通过配置/包装差异区分价格	产品线丰富、需求多样化	128 GB/256 GB 手机不同定价
	因时空而异	时空维度动态调价	需求波动大（如高峰/低谷）	电影院周末票价上涨 30%，VIP 座位加价
心理定价策略	尾数定价	非整数价格制造"廉价感"	大众消费品、价格敏感市场	定价 9.99 元
	整数定价	整数价格强化高端形象	高附加值产品	格力王者空调挂机定价 10 000 元
	招徕定价	爆品低价引流，带动关联销售	多品类销售场景	超市鸡蛋特价引流，促进其他商品销售

学习单元 3　渠道策略

一、渠道概述

　　渠道是连接制造商与消费者产品流通的桥梁，是由众多相互依存的企业和个人共同构成的网络系统。它连接生产和消费领域，确保产品合理、及时地送达消费者手中。

　　渠道具有系统性、利益性和稳定性等特点。系统性体现在多个环节相互关联和协作；利益性指渠道成员期望通过渠道运作获得利益；稳定性则表现为长期合作关系有助于降低成本、提高效率，并对品牌形象产生正面影响。随着市场环境和技术的不断发展，渠道也需要相应调整，如电子商务的兴起推动传统渠道与线上渠道的融合。

渠道具有信息收集与传递、促销、交易和物流等功能。信息收集与传递功能涉及市场洞察和产品信息沟通；促销功能通过各种活动和展示吸引消费者；交易功能涉及寻找消费者、谈判交易条件和完成销售环节；物流功能包括构建物流网络、管理库存和配送。

二、渠道的类型

（一）按商品在流通过程中是否经过中间环节划分

1. 直接渠道

直接渠道指商品直接从制造商流向消费者，不经过任何中间环节。这种渠道类型使生产者能够直接与消费者进行互动，能更好地了解消费者的需求、意见和反馈。如某计算机企业采用直销模式，消费者可以在其官方网站根据个人需求定制计算机配置。这种渠道类型减少了中间环节，降低了成本，同时提供了一对一的客户服务。产品由企业的工厂直接发送给消费者，确保其采用最新技术和最优部件性能。

2. 间接渠道

间接渠道是指商品从制造商转移到消费者的过程中经过一个或多个中间环节，如批发商、零售商、代理商等。这些中间环节在商品的分销流程中各自扮演着关键角色，助力制造商拓宽销售领域并提升销售效能。在传统的家电销售中，家电制造商将商品批发给家电批发商，批发商再将商品提供给零售商，如大型家电卖场或街边家电小店，最后由这些零售商将家电销售给消费者。

（二）按商品在流通过程中流通环节的多少划分

1. 短渠道

短渠道包括零级渠道（直接分销）和一级渠道。此渠道类型流通环节精简，因此商品能迅速从制造商（即图2-4-6中的生产者）直达消费者，同时实现更直接高效的信息流通。

对于一些生鲜农产品，制造商直接在农贸市场摆摊销售给消费者，这是典型的零级渠道类型；一级渠道类型，如一些小型面包店，制造商（面包店）将面包销售给零售商（附近的咖啡店），再由零售商销售给消费者，环节相对简洁。

2. 长渠道

长渠道一般包括二级渠道和三级渠道，商品需要经过较多的中间环节才能到达消费者手中。长渠道能够充分利用各个中间环节的资源和优势促进商品广泛分销，但信息传递可能会相对滞后，渠道管理也更为复杂。

渠道的长度如图2-4-6所示。

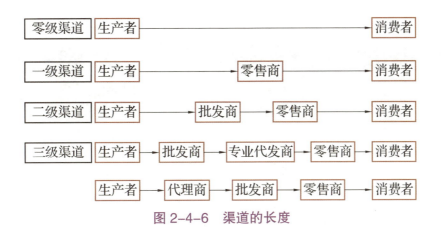

图 2-4-6　渠道的长度

（三）按商品在流通过程中同一层次所选中间商的数量划分

1. 宽渠道

宽渠道是指制造商在同一层次使用较多的中间商来销售商品。这种渠道模式能够使商品在市场上广泛分布，增加商品的市场覆盖面和销售机会，适用于大众消费品。例如，娃哈哈等饮料品牌，它们通过大量的批发商、零售商及各种销售终端（如超市、便利店、小卖部、自动售货机等）进行销售，在同一层次（如零售层次）有众多的中间商参与，让消费者能够很容易地购买到商品。

2. 窄渠道

制造商在同一层次只选择少数中间商来销售商品。这种渠道适用于一些专业性强、价格较高、需要特定销售服务的商品，便于制造商对渠道进行严格控制。例如，高端手表品牌在每个城市往往仅精选数家实力强、信誉优的专卖店进行合作；同样，一些工业设备制造商也仅会选择通过严格筛选的少数经销商来销售其复杂设备，以此确保销售和售后服务的卓越品质。

三、影响企业选择渠道的因素

产品因素、市场因素、企业本身因素及政府政策因素等都会影响企业选择渠道，见表 2-4-5。

表 2-4-5　影响企业选择渠道的因素

影响因素	关键要素	具体表现
产品因素	产品性质	易腐 / 笨重产品：短渠道（生鲜直供） 标准化产品：长宽渠道（日用百货） 高端产品：短窄渠道（旗舰店 + 官网直营）
	生命周期	导入期：直接 / 短渠道（精准推广） 成长期 / 成熟期：拓宽渠道 衰退期：收缩渠道

续表

影响因素	关键要素	具体表现
市场因素	市场规模	大规模市场：长宽渠道（饮料快消） 小规模市场：短窄渠道（医疗设备）
	地理分布	集中市场：短渠道（城市商圈） 分散市场：长渠道（农村/偏远地区）
	竞争程度	高竞争：多渠道组合（线上＋线下） 低竞争：专业渠道（新兴细分市场）
	购买行为	高频购买：广泛渠道（便利店） 低频购买：专业渠道（品牌专卖店）
企业本身因素	企业实力	资源充足：自建渠道（大型企业） 资源有限：依赖中间商（中小企业）
	营销目标	市场扩张：长宽渠道（快消品） 利润导向：短窄渠道（高端定制）
政府政策因素	法规限制	特殊产品渠道受限（药品/烟草） 行业管制（金融/电信）

四、新技术对渠道的影响

（一）电子商务技术

电子商务技术的发展改变了销售渠道格局，推动传统企业拓展线上销售，如服装品牌通过电子商务网站扩大销售范围。电子商务平台也降低了中小微企业市场准入门槛。

（二）大数据技术

通过大数据技术，企业能够深入分析消费者购买行为，实现精准营销、优化库存管理及提升渠道效率。企业可基于消费者数据推荐产品，提高销售转化率，并调整产品铺货策略和库存分配。

（三）现代物流技术

现代物流技术如自动化仓库管理系统、智能物流配送系统提升了销售渠道流通速度和准确性。电子商务企业采用自动化仓库管理系统快速处理订单，智能物流配送系统实时跟踪货物，增强消费者购物体验。

 企业创新

京东基于大数据技术的渠道优化

京东凭借大数据技术在渠道优化方面构建了一套精细化运营体系。通过深度分析不同地区的消费者需求，京东精准洞察各地消费差异，以此为依据对物流配送网络和仓储布局进行科学优化。在消费需求旺盛的区域，京东果断增加仓储中心的数量与规模，大幅提高物流配送速度，极大地提升了消费者的购物体验，让商品能以最快速度送达消费者手中。不仅如此，京东还充分挖掘线上和线下渠道的销售数据，敏锐捕捉不同渠道的销售特点与趋势，灵活调整商品铺货策略。无论是线上丰富多样的展示，还是线下实体店铺的针对性陈列，都能实现精准匹配，从而达成线上和线下渠道的协同发展，全面提升渠道运营效率与市场竞争力。

学习单元4 促销策略

一、促销与促销组合

（一）促销

促销是营销者向消费者传递有关本企业及产品的各种信息，通过说服或吸引手段促使消费者购买其产品，从而实现提高销售量目标的一种活动。

促销本质上是一种沟通活动，即营销者通过将各种刺激消费的信息传达给一个或多个目标受众，以影响他们的态度和行为。促销不仅包含传统的折扣、赠品等手段，还涉及内容营销、社交互动等多元化方式。常见的促销手段包括人员推销、广告、公共关系、营业推广及网络营销。

（二）促销组合

促销组合是指企业为实现特定的营销目标，将人员推销、广告、公共关系、营业推广及网络营销等多种促销手段进行有机结合与优化配置，从而构建一个完整高效的促销策略体系。促销组合是一个协调统一的整体，其核心在于对各种促销方式的合理选择、精准组合及有效运用。影响促销组合的因素见表2-4-6。

表2-4-6 影响促销组合的因素

影响因素	主要促销方式	示例
产品类型	消费品：广告/营业推广/公关 工业品：人员推销/技术广告	脑白金广告；工业设备行业展会专家讲解

影响因素	主要促销方式	示例
企业策略	推式：人员推销为主 拉式：广告/公关/社交媒体	推：经销商返点 拉：网红带货
购买阶段	认知（广告/公关）→兴趣（深度广告/人员推销）→评估（促销/口碑）→购买（促销）→购后（CRM）	新品牌广告→产品体验直播→限时折扣→会员积分→售后回访
产品生命周期	导入（广告/公关）→成长（品牌广告/渠道拓展）→成熟（促销/卖点迭代）→衰退（清库存）	新产品导入期和成长期以广告宣传为主；成熟期"买一送一"；衰退期特价清仓

二、人员推销

人员推销是通过营销者与潜在客户的直接互动来推动销售的促销方式。它包括面对面沟通、电话交流、线上视频洽谈等形式，旨在深入了解客户需求，介绍产品或服务的特点、优势及价值，解答疑问，消除顾虑，激发购买欲望，促成交易。

人员推销的特点包括针对性强、互动性良好和建立客户关系效率高。营销者依据客户的个性化需求精心制定销售方案，迅速响应反馈并灵活调整策略，同时，营销者通过持续的沟通提供卓越服务，从而加深客户信任，提升客户忠诚度，为构建长期合作关系奠定坚实基础。

人员推销适用于各类产品和服务的销售，尤其在复杂、高价值产品或服务领域表现突出。例如，企业软件营销者需深入了解客户业务需求，演示软件功能，解决业务痛点；高端房产营销者则需介绍房产属性及解读区域发展前景和投资价值。

三、广告

广告通过电视、广播、报纸、杂志、网络等媒介，利用创意的视听、图文内容，向目标受众传递产品、服务、品牌理念或形象等信息，以提升市场认知和激发购买欲望。其目的是凭借独特的创意和新颖的表现形式，在繁杂的信息海洋中脱颖而出，吸引受众的眼球，激发他们的兴趣，进而塑造鲜明的品牌形象，最终推动销售量增长。

常见的广告类型见表2-4-7。

表2-4-7　常见的广告类型

广告类型	核心特点	优势	示例
电视广告	覆盖广泛、视听冲击力强	提升品牌认知度，触达大众市场	热门综艺节目中插播饮料广告

续表

广告类型	核心特点	优势	示例
平面广告	图文简洁、精准定位	长期留存、针对特定兴趣群体	时尚杂志中的美妆品牌广告
网络广告	精准投放、互动性强	高转化率、实时数据反馈	社交媒体信息流广告、搜索引擎竞价排名
户外广告	高曝光、场景化展示	强化品牌记忆、覆盖日常出行场景	地铁站品牌墙、公交车身广告

其他广告类型，如广播广告通过声音传递信息，直邮广告实现精准营销，植入式广告自然融入内容。在实际应用中，广告广泛应用于各类产品与服务的推广，尤其在快速消费品、时尚、电子产品等领域作用显著。企业应根据产品特点、目标市场、预算和市场环境，选择和组合适宜的广告方式，以实现最佳效果。

四、公共关系

公共关系是指企业或组织通过一系列精心策划且持续进行的沟通与互动活动，与各类受众群体建立、维护并巩固良好关系，从而塑造积极形象并提升社会声誉。它通过新闻传播、公益活动、社交媒体互动等多种渠道，与公众进行真诚且高效的交流，传递企业的核心价值观、发展理念及社会责任，以赢得公众的信任与支持。

企业创新

特步"联姻"晋江马拉松

特步从 2016 年晋江马拉松创办开始就一直是赛事的冠名赞助商。这不仅是因为晋江是特步的"根据地"，赞助家乡赛事有助于增强品牌与家乡的联系，展示特步对家乡体育事业的支持，提升品牌在当地的美誉度和亲和力，还因为马拉松赛事吸引了大量跑步爱好者和观众参与，通过赞助赛事，特步能够接触到更多潜在消费者，扩大品牌的市场覆盖面，进而促进产品销售。同时，特步以"世界跑鞋中国特步"为战略定位，赞助晋江马拉松有助于推动跑步文化的传播，鼓励更多人参与跑步运动，从而为品牌发展创造更广阔的市场空间，展示其在运动领域的技术实力和专业性，提升消费者对品牌的信任度和认可度。

公共关系注重长期关系建设，强调信息透明和真诚互动，能够有效应对危机，提升品牌美誉度。通过精准策划和执行，公关活动不仅能化解负面影响，还能增强企业与公众的情感联结，促进品牌可持续发展。常见的公共关系形式与具体内容见表2-4-8。

表 2-4-8　常见的公共关系形式与具体内容

形式名称	核心目标	主要手段	示例
媒体关系	引导正面舆论与建立传播渠道	新闻稿发布；媒体专访；专题报道	企业高管接受权威媒体专访
事件营销	提升品牌曝光与话题热度	赞助活动；线上线下联动	新品发布会邀请达人直播
社会责任	塑造企业责任形象	公益活动；环保项目	参与环保项目
危机公关	化解负面舆情与信任危机	官方声明；舆情监测；补救措施	召回问题产品并公开道歉
社区关系	强化本地化认同与支持	社区共建活动；本地就业支持	工厂周边居民开放日与环保承诺
政府关系	获取政策支持与合规背书	政策倡导；政企合作项目	参与政府主导的产业创新计划

五、营业推广

营业推广是企业在特定时期内，为了迅速刺激需求、鼓励购买、提高销售业绩而采取的一系列短期性、刺激性的营销手段。它通过折扣优惠、赠品促销、抽奖促销、优惠券等多样化的方式，直接作用于消费者或渠道成员，激发其购买欲望，促使其在短期内作出购买决策。常见的营业推广方式见表 2-4-9。

表 2-4-9　常见的营业推广方式

营业推广方式	具体做法	示例
折扣优惠	直接降低产品价格，如全场打折、满减、限时特价	电子商务平台"双 11"购物节、"618"大促，大量商品折扣，刺激购买
赠品促销	购买产品时额外赠送相关产品或小礼品	买洗发水送护发素小样，买化妆品送化妆工具
优惠券	线上线下多渠道发放，购买时凭券享折扣等优惠	餐厅通过微信公众号发满减券，吸引消费者到店就餐
抽奖促销	购买产品后获得抽奖机会赢取丰厚奖品	买家电可参与线上抽奖，奖品有高端电子产品等
会员制度与积分	建立会员体系，消费获积分，积分可兑换礼品等	超市会员消费累计积分，达到规定额度可兑换生活用品或享专享折扣

此外，还有一些其他类型的营业推广方式，如免费试用，让消费者亲身体验产品的优

势，从而促进购买；以旧换新，鼓励消费者用旧产品换取新产品，既促进销售又帮助消费者处理旧产品；以及联合促销，与其他品牌或企业合作开展促销活动，实现资源共享、优势互补。这些策略各有侧重，企业可根据产品的特性、目标市场的需求及营销预算等因素，灵活搭配使用，以达到最佳的促销效果。

典型习题分析

1.（单选题）某新兴智能穿戴设备厂商，在新品首次推向市场之际，为快速获取市场份额、有效阻碍竞争对手涉足该领域，将产品价格设定在相对较低的区间，此定价策略是（ ）。

A. 撇脂定价　　　　B. 折扣定价　　　　C. 渗透定价　　　　D. 差别定价

2.（单选题）人们购买制冷空调主要是为了在夏天获得凉爽的空气，这属于空调产品整体概念中的（ ）。

A. 核心产品层次　　B. 形式产品层次　　C. 附加产品层次　　D. 潜在产品层次

3.（单选题）某大型航空公司推出提前支付票款享受后期任一时间乘机权益，这属于（ ）定价策略。

A. 现金折扣　　　　B. 数量折扣　　　　C. 交易折扣　　　　D. 季节折扣

4.（单选题）某计算机品牌在某地区市场仅选择一家网上交易商进行产品销售，这种渠道为（ ）。

A. 网上长渠道　　　B. 网上短渠道　　　C. 网上宽渠道　　　D. 网上窄渠道

5.（单选题）假设某设备的成交价为100万元，交易条款上注明"2/15，净价35"，这属于哪种定价策略？（ ）

A. 累计折扣定价　　B. 季节折扣定价　　C. 现金折扣定价　　D. 数量折扣定价

6.（单选题）下列选项中不属于营销策略的是（ ）。

A. 产品策略　　　　B. 投资策略　　　　C. 价格策略　　　　D. 促销策略

7.（单选题）将企业的产品和服务以零售价提供给消费者使用，满足消费者需求，以此获得消费者关注，培养消费者习惯及培养消费者忠诚度的营销策略指的是（ ）。

A. 免费营销策略　　B. 关系营销策略　　C. 体验营销策略　　D. 绿色营销策略

8.（单选题）商家预先设定某产品的起始价格与每次加价的最低额度吸引消费者竞价购买，在规定时间期限内，商品出售给加价最高的消费者，这种促销方式是（ ）。

A. 拍卖促销　　　　B. 折扣促销　　　　C. 满减促销　　　　D. 赠品促销

9.（判断题）一家企业生产经营的产品大类的多少，指的是产品组合的宽度。（ ）

10.（判断题）成本加成定价法的计算公式是：产品单价＝总成本／保本销售量。（ ）

职业模块三
网络营销方法体系

培训课程 1 网络营销导论

一、网络营销的概念

网络营销也称在线营销或数字营销，是基于现代营销理论，利用互联网、数字技术平台及社交媒体等工具来推广产品、服务或品牌的一种营销方式。它不仅包括以互联网为媒介开展的营销活动，强调互联网在整合营销中的商业价值，还是市场营销的一种新兴模式，是企业整体营销策略的重要组成部分。网络营销通过在线渠道和工具与潜在客户进行互动，以促进销售、建立品牌认知和提高客户满意度。它强调与潜在客户和现有客户之间的互动，注重通过建立品牌认知、提高客户忠诚度等方式长期推动企业的发展，并注重数据收集和分析，优化营销策略。

互联网使人们能够跨越时空限制，互通信息、交流思想，并获取多方面的知识、经验和资讯。因此，网络营销展现出跨时空、多媒体、交互式、人性化、整合性、高效性及经济性的特点。

二、网络营销的职能

网络营销的主要职能包括：网络品牌、信息搜索、信息发布、促销活动、销售渠道、顾客服务、顾客关系、网上调研。围绕网络营销的这八项基本职能，可以有效地制定合理的网络营销策略。网络营销的职能及说明见表 3-1-1。

表 3-1-1　网络营销的职能及说明

基本职能	职能说明
网络品牌	通过网络营销手段，如优质内容输出、社交媒体互动、品牌故事传播等，提升品牌的知名度、美誉度和忠诚度，塑造独特的品牌形象，让消费者更容易识别和记住品牌
信息搜索	利用搜索引擎优化、搜索引擎营销（Search Engine Marketing，SEM）等技术，帮助企业使自身的产品、服务及品牌信息在搜索引擎结果页面中获得更高的排名，方便消费者快速找到所需信息，同时方便企业收集市场、竞争对手等相关信息
信息发布	借助企业官网、社交媒体平台、行业论坛、电子邮件（E-mail）等渠道，将企业的产品介绍、促销活动、品牌动态等信息准确、及时地传递给目标受众，以吸引潜在消费者的关注，激发他们的兴趣和购买欲望
促销活动	运用网络广告、限时折扣、满减优惠、赠品策略、抽奖活动、会员制度等多种促销手段，刺激消费者购买产品或服务，提高销售转化率，增加销售额
销售渠道	通过搭建电子商务平台、入驻第三方电子商务平台、开展网络分销等方式，拓展产品或服务的销售途径，打破地域限制，使消费者能够更便捷地购买到企业的产品或服务，同时有助于企业扩大市场份额
顾客服务	通过在线客服、常见问题解答（Frequently Asked Questions，FAQ）、售后反馈处理等方式，及时响应和解决消费者在购买前、购买过程中及购买后遇到的各种问题，提供优质的服务体验，提高消费者满意度
顾客关系	利用社交媒体、客户关系管理系统、电子邮件等工具，与消费者保持长期的、稳定的沟通与联系，了解消费者需求和反馈，增强消费者对品牌的认同感和归属感，培养忠诚消费群体
网上调研	借助在线问卷、论坛讨论、社交媒体投票等方式，收集市场信息、消费者需求、竞争对手动态等数据，通过对这些数据的分析和研究，为企业制定营销策略、产品研发、市场定位等提供决策依据

三、网络营销与传统营销的区别

网络营销是在传统市场营销理论的基础上逐步演化而来的，它借助互联网、计算机技术和数字交互式媒体平台，实现了市场营销活动的新型展现方式。网络营销并不能取代传统营销或脱离传统营销而独立存在，它是传统营销的网上延续，与传统营销构成互补的关系。

网络营销相较于传统营销，具有显著的优势，特别是在信息发布、促销手段、渠道结构、成本控制、交流模式、顾客服务和市场调研等方面。例如，网络营销能够实现更广泛的受众覆盖，成本相对较低，且具有高度的互动性，允许企业与顾客进行实时沟通，同时，多媒体展示手段丰富，能够更有效地吸引潜在顾客。网络营销的特点与优势如图 3-1-1 所示。

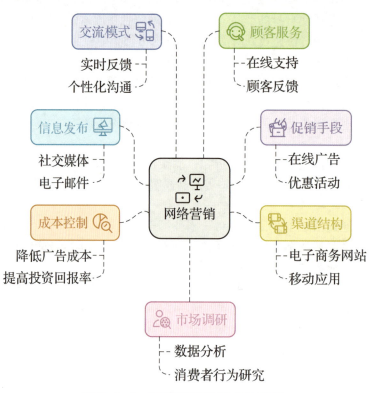

图 3-1-1　网络营销的特点与优势

四、网络营销与电子商务的联系

电子商务是利用互联网进行的各种商务活动的总称，包括商品的展示、交易、支付、物流配送等多个环节。而网络营销主要侧重于通过互联网手段来推广产品或服务、吸引潜在顾客、建立品牌形象等，是电子商务活动中促进交易达成的重要手段。网络营销与电子商务的联系如图 3-1-2 所示。

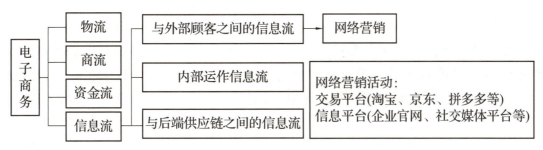

图 3-1-2　网络营销与电子商务的联系

五、网络营销实现方式

（一）企业网站

企业网站是一个综合性的网络营销工具，在所有的网络营销工具中，企业网站是最基本、最重要的一个。若没有企业网站，许多网络营销策略将无用武之地，企业网络营销的功能也会大打折扣。因此，企业网站是网络营销的基础。企业网站的网络营销功能主要体现在六大方面，即品牌形象塑造、产品与服务展示、顾客关系管理、网上调研、网络合作及在线销售。

（二）搜索引擎

搜索引擎是指根据一定的策略、运用特定的计算机程序搜集互联网上的信息，并经过组织和处理后向用户提供检索服务的系统，也是人们在互联网中"探宝"的一种工具，使人们在浩瀚的信息海洋里方便快捷地找到需要的信息。

搜索引擎本质上是一个提供信息搜索服务的网站，它通过访问互联网上的网站，提取相关信息，构建起庞大的数据库。用户只需输入关键字，便能轻松查找到所需的资料、产品或服务信息。由于搜索引擎的商业价值极高，越来越多的企业都将搜索引擎作为一种重要的网络营销手段，并取得了较好的营销效果。

（三）交换链接

交换链接也称互惠链接或友情链接，是网站间基于资源互补优势的一种简单合作模式，即在各自网站上展示对方的 Logo（商标）或名称，并设置超链接，实现相互推广的效果。

（四）网络广告

网络广告是广告业务在计算机网络中的新拓展，也是网络营销领域率先开发的营销技术之一。网络广告是网络营销中极其重要的一个领域，是较为直观的电子商务活动，已成为互联网公司（网站）盈利模式中的一个亮点。同时，互联网技术的飞速发展也为公共关系活动开辟了更广阔的空间。由于国际互联网的开放、平等、交互等特性，网络公共关系逐渐受到广泛关注，已成为组织开展公关活动不可或缺的又一重要途径。

（五）信息发布

信息发布是网络营销的基本职能。企业通过互联网不仅可以浏览大量的商业信息，还可以自己发布信息。最重要的是，企业可以将有价值的信息（如新产品信息、优惠促销信息等）及时发布在自己的网站上，以充分发挥网站的功能。

（六）许可电子邮件营销

许可电子邮件营销是在用户事先许可的前提下，通过电子邮件的方式向目标用户传递有价值信息的一种网络营销手段。

（七）微信营销

微信营销作为一种基于微信公众平台的营销方式，通过发布信息、推广产品、提供服务等手段，已成为企业和个人实现营销目的的重要渠道。它具有快速传播、精准定位、互动性强、成本低廉等特点，随着微信用户数量的增加和微信功能的不断创新，微信营销已从信息发布扩展到内容创作、电子商务、广告投放等多个领域。

（八）会员制营销

会员制营销是指企业通过发展会员，提供差别化的服务和精准的营销，提高客户忠诚度，为企业增加利润。

（九）博客 / 微博营销

博客 / 微博营销指企业或个人利用博客、微博等网络交互性平台，发布并更新与企业或个人相关的信息，并且密切关注、及时回复平台上客户对企业或个人提出的相关质疑和询问，以达到营销的目的。

🗂 典型习题分析

1.（单选题）以下对网络营销概念的理解正确的是（　　　）。

A. 网络营销可以不依附于现代信息技术

B. 电子商务是网络营销最重要的应用

C. 网络营销就是网上销售

D. 网络营销是现代企业整体营销的一部分

2.（单选题）"在主要搜索引擎中获得好的排名"，这属于搜索引擎营销的目标层次中的（　　　）。

A. 存在层　　　　　　　　　　B. 表现层

C. 关注层　　　　　　　　　　D. 转化层

3.（单选题）"企业可以向用户展示商品和服务信息，而用户也可以通过网络查询相关商品的详细信息"体现了网络营销的（　　　）特点。

A. 互动性 　　　　　　　　　　　　B. 整合性

C. 跨时空性 　　　　　　　　　　　D. 成长性

4.（单选题）企业通过互联网快速提升产品和企业的知名度，以树立企业良好的整体形象，这体现网络营销的（　　　）职能。

A. 网络品牌 　　　　　　　　　　　B. 网址推广

C. 信息发布 　　　　　　　　　　　D. 销售促进

5.（单选题）在所有的网络营销实现方式中，最基本、最重要的一个综合性的网络营销工具是（　　　）。

A. 企业网站 　　　　　　　　　　　B. 搜索引擎

C. 许可电子邮件 　　　　　　　　　D. 博客 / 微博

6.（多选题）下面关于网络营销叙述正确的是（　　　）。

A. 网络营销就是企业利用互联网开展营销活动

B. 网络营销建立在传统营销理论基础之上

C. 网络营销不等同于网上销售

D. 网络营销仅限于网上

7.（多选题）网络营销的内容通常包括（　　　）。

A. 网上市场调查 　　　　　　　　　B. 网上消费者行为分析

C. 网络营销策略制定 　　　　　　　D. 网络营销管理与控制

8.（多选题）开展网络营销的重要意义包括（　　　）。

A. 网络营销是应对网络化挑战的需要

B. 网络营销是自我学习的需要

C. 网络营销是网络技术发展的需要

D. 网络营销是经营创新的需要

9.（判断题）网络营销是为实现网上销售目的而进行的一项基本活动，但网络营销本身并不等于网上销售。　　　　　　　　　　　　　　　　　　　　　　（　　　）

10.（判断题）网上竞争的关键在于企业网站能否吸引用户浏览。　　　　（　　　）

培训课程 2　网络营销调研与分析

学习单元 1　网络营销调研

一、网络营销调研概述

网络营销调研是指企业通过互联网开展的市场调研活动，包括收集市场信息、分析竞争者相关情报及调查消费者对产品和服务的意见等，旨在为企业的网络营销决策提供数据支持和分析依据。

网络营销调研的工作对象是网络市场信息，其直接为网络市场营销服务。网络调研的主要内容包括消费者对产品的需求信息、现有产品或服务的信息、目标市场信息、竞争对手及其产品信息、市场宏观环境信息。

二、网络营销调研过程

（一）确定调研目标

明确网络营销调研的目标至关重要。调研目标应既不过于宽泛，又不过于狭窄，以确保调研的针对性与实用性，同时充分考虑网络营销调研的实际执行效果。在确定调研目标时，需评估企业消费者使用互联网的频率、网络消费群体规模及代表性，以确保调研结果有效。

（二）制订调研计划

网络营销调研的第二步是制订调研计划，包括确定所需资料、明确调研对象、选择合适的调查方法和手段、确定抽样方案、规划调研进度和经费预算，如图 3-2-1 所示。

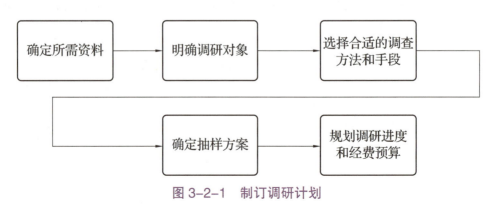

图 3-2-1　制订调研计划

制订调研计划是一个系统性递进过程。首先需确定所需资料（如消费者行为、市场规模等），据此明确调研对象（如 25~35 岁一线城市中产群体）。随后选择合适的调查方法和手段，如定性手段（焦点小组访谈）与定量工具（结构化问卷）协同，并辅以数字化采集技术（在线问卷平台）。

在此基础上，确定科学抽样方案，如采用分层抽样控制年龄／收入变量，设定样本量（$n \geq 500$）及置信区间（95%±3%）以保证数据代表性。最终规划调研进度和经费预算，设定各阶段里程碑（如 10 天完成数据收集）、细化成本结构（人力占 60%、工具占 25%、激励礼品占 15%），实现可行性管控。该流程通过逐步收敛目标与方法，为决策提供高信度、高效度支撑。

（三）收集信息

网络通信技术的快速发展简化了信息收集流程。与传统营销调研相比，网络营销调研使企业能够高效获取访问者反馈，如直接下载并整理在线数据，或实时追踪问卷填写情况。系统可自动检测遗漏问题，并在访问者漏答时提示补填，确保问卷完整提交。

（四）分析信息

在网络营销调研领域，分析信息扮演着举足轻重的角色，直接影响信息的有效利用及企业的战略决策。调研人员需从数据中提取有用的信息，这一过程决定调研结果。此过程要求调研人员耐心、细致、善于归纳总结、筛选真实信息。

在深入剖析信息的过程中，熟练掌握信息分析方法并灵活运用统计分析工具显得尤为重要。常用信息分析方法包括交叉列表分析、概括分析、综合指标分析和动态分析等；统计分析工具有 SPSS、SAS 等。企业通过强化分析信息能力，可在瞬息万变的市场环境中更加敏锐地捕捉商机，从而赢得竞争优势。

（五）撰写调研报告

撰写调研报告是指在科学分析信息后，整理得出相应的有价值的结果，为企业制定营销策略和作出营销决策提供依据。在撰写调研报告前，企业要先了解阅读者希望得到的报告形式及期望获得的信息。调研报告要清晰明了、图文并茂。调研报告一般包括标题、导言、主体和结论等部分。

三、网络营销调研方法

网络营销调研方法主要有网络问卷调研法、网络讨论法、网络观察法和网络文献法。其中，前三种方法多用于网络一手资料的获取，而网络文献法多用来收集二手数据。网络营销调研过程中具体应采用哪一种方法收集数据资料，应根据实际调研的目的和需要而定。常见的网络营销调研方法见表 3-2-1。

表 3-2-1　常见的网络营销调研方法

方法名称	定义/核心	优点	缺点	示例
网络问卷调研法	通过设计在线问卷收集信息，涵盖封闭型、半封闭型、开放型问题	覆盖广、成本低、数据易量化	样本偏差较大、回收率低	通过邮件发送《用户满意度调查表》
网络讨论法	利用论坛等社交平台组织讨论，挖掘深层观点与需求	信息真实、互动性强	分析难度高、易受干扰	在社交平台发起产品功能改进讨论
网络观察法	监测用户行为（如访问路径、点击率等），记录客观数据	数据客观、实时性强	无法解释行为动机、存在隐私争议	跟踪电子商务页面用户停留时长与转化率
网络文献法	通过搜索引擎、数据库等收集二手数据	快速便捷、成本低	信息可靠性需要验证	利用百度获取市场趋势报告

学习单元2　网络消费者行为模式分析

掌握并深入分析网络消费者的行为模式，对于企业和电子商务平台至关重要。这不仅有助于企业制定更精准的营销策略，提升消费者体验，还能增加销售量，如企业通过分析购买记录、搜索行为和点击率来揭示消费者的消费偏好和趋势。

一、消费动机多样性

网络消费者购物动机呈现多元化特征：既受到社交圈和在线评论的影响，又追求个性化定制推荐以满足个人偏好；同时价格敏感度显著，网络消费者积极寻找折扣与促销以节省开支，并高度重视购物流程的便利性（如下单效率、物流速度）；此外，产品多样性也是激发网络消费者购买行为的关键因素，具体内容如图 3-2-2 所示。

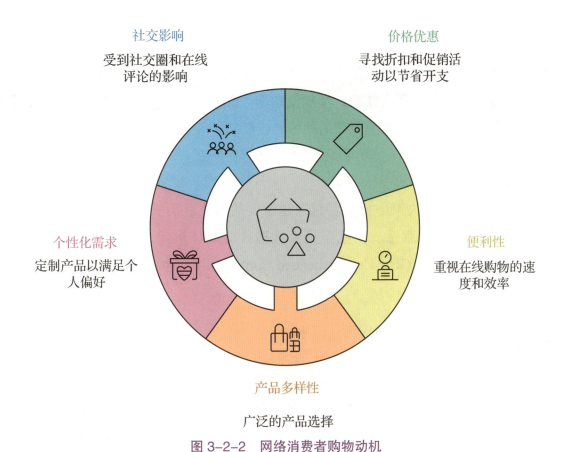

社交影响
受到社交圈和在线
评论的影响

价格优惠
寻找折扣和促销活
动以节省开支

个性化需求
定制产品以满足个
人偏好

便利性
重视在线购物的速
度和效率

产品多样性

广泛的产品选择

图 3-2-2　网络消费者购物动机

二、信息收集习惯

网络消费者在作出购买决策前，通常会进行广泛的信息收集。他们可能通过搜索引擎、社交媒体、产品评论、博客文章或专业论坛等多种渠道收集信息。这些渠道不仅提供了产品详情，还包含了其他消费者的使用体验和意见，会对消费者的购买决策产生重要影响。

三、购买过程

完整的网络购买过程通常比传统购物更为复杂，涉及多个阶段，包括需求明确、问题识别、产品评估、产品比较、价值感知、购买意图、决策因素、购买行为、产品使用和满意度评价。在此过程中，网络消费者的参与度颇高，往往会频繁比对产品的型号、价格及品牌信誉，以期寻得最契合自身需求之选。

四、支付偏好与安全性

支付方式的选择也是网络消费者行为模式的一个重要方面。随着信息技术的发展，网上银行转账、移动支付、第三方支付平台结算等电子支付方式越来越便捷，成为消费者偏好的支付方式。相应的，支付安全成为消费者极为关注的问题，企业需要提供安全可靠的支付环境，增强消费者的信任感。

五、售后服务与忠诚度

网络消费者的满意度和忠诚度很大程度上取决于售后服务的质量。快速响应、有效解决问题的售后服务能够改善消费者体验，增加复购率。此外，企业采取建立会员制度、积分奖励、专属优惠等措施，可以增强消费者的品牌忠诚度。

六、社交媒体与口碑影响

社交媒体在现代消费决策中扮演着越来越重要的角色。消费者的分享、点评、推荐直接影响潜在消费者的购买意愿。企业需积极管理社交媒体形象，利用 KOL（Key Opinion Leader，关键意见领袖）、UGC（User Generated Content，用户生成内容）等方式，扩大品牌影响力，促进口碑传播。

 行业典范

海底捞网络营销案例

海底捞作为知名餐饮品牌，以其优质服务和独特体验在餐饮行业占据重要地位。在互联网时代，海底捞积极开展网络营销活动，以吸引更多消费者并影响其消费行为。

海底捞的网络营销活动对消费者的购买决策产生了显著影响。社交媒体上的正面宣传和互动活动，增加了消费者对品牌的好感度和信任度。消费者在看到有趣的视频和积极的用户评价后，更倾向于选择在海底捞就餐。此外，线上订餐和外卖平台的优惠活动也成为吸引消费者购买的重要因素。例如，新用户注册可获得一定金额的优惠券，这促使更多消费者尝试海底捞的外卖服务。

典型习题分析

1.（单选题）以下关于网络营销调研的说法不正确的是（　　　）。

A. 网络营销调研包含对信息的判断、收集、记录、分析、研究和传播活动，其工作对象是网络市场信息，且直接为网络市场营销服务

B. 网络营销调研可借助多媒体、超文本格式文件，让受访者亲身体验产品、服务与品牌

C. 网络营销调研费用较高，主要是设计费和数据处理费，所要支付的费用远远超过实地调研

D. 调研方案是指导调研活动的大纲，是以书面形式对调研计划和程序的说明，是对调研过程和调研方法的详细规定

2.（单选题）最常用的收集原始资料的网络营销调研方法是（　　　）。

A. 网络问卷调研法　　　　　　　　B. 网上讨论法

C. 网上观察法　　　　　　　　　　D. 视频会议法

3.（单选题）网络营销调研的主要内容不包括（　　　）。

A. 市场需求研究　　　　　　　　　B. 网站建设研究

C. 营销因素研究　　　　　　　　　D. 竞争对手研究

4.（单选题）网络营销调研可以充分利用互联网的开放性、（　　　）、平等性、广泛性和直接性等特点开展。

A. 自由性　　　　　B. 规范性　　　　　C. 交叉性　　　　　D. 单一性

5.（单选题）网络直接调研按调研时采用的技术可以分为（　　　）。

A. 站点法、电子邮件法、随机 IP 法和视讯会议法

B. 网络问卷调研法、网络讨论法和网络观察法

C. 主动调研法和被动调研法

D. 利用搜索引擎收集资料、利用公告栏收集资料、利用新闻组收集资料

6.（单选题）网络商务信息是指（　　　）。

A. 通过计算机网络传递的商务信息　　B. 关于网络商务的信息

C. 关于网络的商务信息　　　　　　　D. 通过网络传递的所有数据

7.（多选题）调研问卷一般包括（　　　）等部分。

A. 卷首说明　　　　B. 调研内容　　　　C. 结束语　　　　D. 附录

8.（多选题）设计调研问卷时应注意的事项是（　　　）。

A. 内容安排　　　　　　　　　　　　B. 结构安排

C. 做好测试工作　　　　　　　　　　D. 提高问卷参与程度

9.（多选题）网络营销调研的步骤一般包括（　　　）。

A. 确定调研目标　　　　　　　　　　B. 制订调研计划

C. 收集、分析信息　　　　　　　　　D. 撰写调研报告

10.（判断题）网络间接调查是指利用互联网收集二手资料。　　　　　　　　　（　　　）

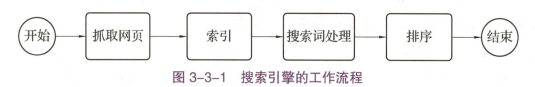

培训课程 3　搜索引擎营销

一、搜索引擎的含义

搜索引擎是自动搜索互联网信息并具有查询功能的系统，包括关键词检索和分类浏览式检索等。它基于网络信息在线查询系统，利用不同网站服务器协助用户查询信息，这是其核心服务。搜索引擎的工作流程如图 3-3-1 所示。

开始 → 抓取网页 → 索引 → 搜索词处理 → 排序 → 结束

图 3-3-1　搜索引擎的工作流程

搜索引擎由用户接口、索引器、检索器和搜索器四个关键部分组成。用户接口使用户能够便捷地输入需要查询的关键词，并迅速接收相关搜索结果；索引器负责处理和存储大量信息，进而生成便于检索的索引文件；检索器根据查询条件在索引文件中查找并将结果进行相关性排序；搜索器是核心模块，负责抓取和分析网页，与索引器和检索器合作完成搜索服务。

二、搜索引擎的类型

（一）分类目录式搜索引擎

分类目录式搜索引擎，是第一代搜索引擎，拥有可搜索数据库。用户可选择根据关键词搜索或根据分类目录查找。严格意义上讲，它并非真正的搜索引擎，而是一个根据网站链接分类的目录列表。用户可以不依赖关键词查找，而选择通过分类目录找到所需要的信息。

分类目录式搜索引擎提供目录浏览和直接检索服务，是早期互联网搜索引擎形式。早期搜狐、新浪是其典型代表，如图 3-3-2 所示。

图 3-3-2　新浪网首页

（二）全文检索式搜索引擎

全文检索式搜索引擎，即第二代机器人搜索引擎，由搜索器、索引器和检索器组成。它可以自动分析网页超链接，获取信息，并形成索引供用户查询。

用户只需要输入关键词并单击"查询"按钮，即可迅速浏览到按相关性排序的搜索结果。用户单击链接可打开相关网页。Google（谷歌）、百度、搜狗等是这类搜索引擎的代表，如图 3-3-3 所示。

图 3-3-3　百度网首页

全文检索式搜索引擎弥补了分类目录式搜索引擎的不足，其优点包括自动化程度高、无须人工干预；收录的网站和网页数量全面；更新及时，使用方便且对用户友好。它支持复杂的查询操作，如布尔查询、模糊查询、范围查询等，并具有相关性评分、高亮显示、自动完成等功能，以增强用户体验。此外全文检索式搜索引擎通过自动化的信息抓取和索引技术，保证了信息收集的全面性和实时性，减少了检索中的"噪声"，从而提高了检索的查全率和查准率。

（三）元搜索引擎与集成搜索引擎

元搜索引擎不抓取数据，而是调用多个独立引擎结果后进行整合，属跨引擎聚合工具；集成搜索引擎则集成网页、图片等多类型搜索服务或不同数据源，侧重多维度服务的统一展示，二者分别聚焦"跨引擎结果处理"与"多服务集成呈现"，见表 3-3-1。

表 3-3-1　元搜索引擎与集成搜索引擎

类型	定义与核心机制	共同点	核心区别
元搜索引擎	通过统一界面整合多个搜索引擎的结果，自动排序合并后呈现	无自有索引数据库；不自主抓取网页；依赖其他引擎提供搜索结果	同时调用多个引擎；自动整合排序结果；用户无须选择引擎
集成搜索引擎	在界面中链接多个独立引擎，用户手动选择部分引擎进行搜索，结果分开展示		用户选择引擎组合；结果独立显示；不自动合并或排序

 企业创新

百度搜索接入 DeepSeek 大模型

　　百度搜索接入 DeepSeek 大模型是其应对 AI 时代挑战的关键一步，通过技术融合和生态开放，百度搜索旨在为用户提供更智能、个性化的搜索体验，同时巩固自身在搜索领域的地位。

　　生成式 AI 对传统搜索引擎形成冲击，用户更倾向于直接使用 AI 工具获取答案。接入 DeepSeek 大模型后，百度搜索从传统的关键词匹配转向更智能化的语义理解和上下文推理。例如，用户搜索"北京旅游攻略"时，AI 不仅能提供景点信息，还能结合预算、兴趣生成个性化行程，甚至支持多模态交互（如语音、图片输入）。

三、搜索引擎营销的特征

　　搜索引擎营销的本质是通过搜索引擎工具向用户传递与其关注对象相关的营销信息。以下是搜索引擎营销的主要特征。

（一）用户主动创造营销机会

　　搜索引擎营销区别于其他网络营销方法的关键在于用户的主动参与。例如，关键词广告仅在用户搜索特定关键词时显示，这种机制让用户主动创造了营销机会。与随机点击广告的用户不同，搜索者的目的性更强，因此搜索引擎营销通常能产生更有效的营销效果。

（二）操作简便

　　搜索引擎营销以其操作便捷著称，具体体现在登录流程的简化、计费模式的直观及数据统计、分析的轻松实现。首先，企业能够自主完成信息填写并登录，无须依赖专业人员辅助。其次，关键词广告采用按点击次数付费（Pay Per Click，PPC）模式，费用低且可设定最高消费限额。最后，企业可便捷地通过后台系统查看点击量、点击率等关键数据，进而优化其营销策略。

（三）成本效益高

在所有的营销手段中，搜索引擎营销产生的每个有效反馈的成本最低。通过精准的关键词广告定位，企业能够有效减少无效推广的费用。此外，由于关键词广告采用按点击次数付费模式，企业仅需为那些真正感兴趣的用户点击广告而付费，这不仅提高了广告效率，还降低了成本。

此外，搜索引擎营销还具有门槛低、投资回报率高、动态更新及时、可随时调整及广泛使用等显著特点。

四、搜索引擎营销模式

搜索引擎营销要求以最小的投入，获得来自搜索引擎最大的访问量，并获取相应的商业价值。

（一）搜索引擎登录

搜索引擎登录有免费登录和付费登录两种类型，具体内容见表 3-3-2。

表 3-3-2　搜索引擎登录类型

登录类型	优势	局限性	示例/适用场景
免费登录	零成本：无须付费即可提交 自主可控：可随时提交更新内容	收录慢：需等待数周至数月 排名靠后：自然流量有限	个人博客、初创企业官网、非营利组织网站
付费登录	收录快：优先处理（24~48 小时） 排名靠前：竞价提升曝光	成本高：按点击或展示次数付费 依赖持续投入：停止付费后排名下降	Google Ads 关键词竞价、百度推广、电子商务广告投放

（二）搜索引擎优化

搜索引擎优化是指通过优化网站结构和内容，提高网站对搜索引擎的友好度，增加网页收录量和提升搜索排名，从而吸引潜在用户。它是一项系统性工程，需从技术、内容优化与外链建设三方面协同推进。

1. 技术

技术层面需构建高效的网站架构，利用扁平化目录结构和清晰的导航路径，有效提升搜索引擎的抓取效率，同时借助 CDN（Content Delivery Network，内容分发网络）加速、图片压缩及缓存技术优化页面加载速度，确保响应式设计适配多终端设备，并通过 HTTPS（Hyper Text Transfer Protocol Secure，超文本传输安全协议）加密增强网站安全性。XML（Extensible Markup Language，可扩展标记语言）站点地图与 robots.txt 文件的合理配置可引导爬虫精准抓取核心内容，结合 Schema（模式）标记的结构化数据能显著提升搜索引擎对内容的理解深度。

2. 内容优化

内容优化是 SEO 的核心驱动力，应以用户需求为导向，通过关键词工具挖掘高价值长尾词，自然融入标题、正文及多媒体元素。持续创作原创性强、深度足够的优质内容，有助于延长用户的页面停留时间；定期更新信息能保持内容的时效性。在撰写标题与元描述时，需巧妙融合关键词布局，同时注重其吸引力，通过图文结合、视频嵌入等多媒体形式增强内容互动性，从而提升页面质量评分。

选择合适的关键词并非易事，需要考虑多个因素：关键词与网站内容的关联性、词语组合排列的合理性、与搜索引擎算法的相关性逻辑，以及与热门关键词的差异化等。关键词优化因素如图 3-3-4 所示。

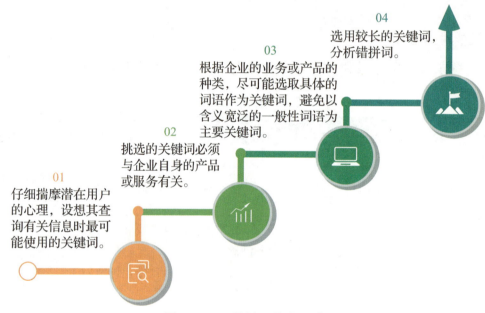

04
选用较长的关键词，
分析错拼词。

03
根据企业的业务或产品的种类，尽可能选取具体的词语作为关键词，避免以含义宽泛的一般性词语为主要关键词。

02
挑选的关键词必须与企业自身的产品或服务有关。

01
仔细揣摩潜在用户的心理，设想其查询有关信息时最可能使用的关键词。

图 3-3-4　关键词优化因素

3. 外链建设

外链建设作为 SEO 的重要支撑，应着重获取来自权威站点的自然反向链接，并配合内部链接优化权重分布，避免出现链接孤岛现象。此外，品牌提及等非链接形式的曝光，能有效增强网站的可信度而杜绝低质量链接与违规操作则是维护搜索引擎信任的关键。

（三）关键词广告

关键词广告是一种依托搜索引擎技术的精准广告形式，广告主选定与自身业务相关的关键词后，当用户在搜索引擎中检索这些关键词时，广告会以特定形式（如搜索结果页上方、右侧或信息流中）展示。其核心逻辑是通过关键词匹配用户搜索意图，实现广告的精准触达，通常采用按点击付费模式，仅当用户点击广告时才产生费用，具有投放目标明确、效果可追踪、预算可控等特点，是数字营销中提升品牌曝光和转化的重要手段。

📄 政府方案

世界职业院校技能大赛

全国职业院校技能大赛升级为世界职业院校技能大赛，标志着中国职业教育在全球化进程中迈出了重要一步，彰显了中国职业教育在国际舞台上日益增强的影响力。大赛巧妙融合了展演与竞赛两类赛项，展演类赛项通过现场展演和录播展示等多元化形式，集中呈现了"中国制造与传统文化""能工巧匠""非物质文化项目"三大单元的内容，竞赛类赛项包括装备制造、交通运输、能源动力与材料、电子与信息技术、财经商贸等五大核心领域，其中财经商贸赛道涵盖了电子商务运营的多个核心能力，包括互联网产品开发、视觉营销设计、客户关系管理、网络营销推广、供应链管理和直播销售等。这不仅是一场对专业技能的全方位考验，还是对参赛选手团队协作和实战能力的综合展示。

📧 典型习题分析

1.（单选题）下列自身包含可搜索的数据库，是第一代搜索引擎的是（　　　）。

A. 全文检索式搜索引擎　　　　　　　　　B. 分类目录式搜索引擎

C. 元搜索引擎　　　　　　　　　　　　　D. 集成搜索引擎

2.（单选题）目前最大的中文搜索引擎是（　　　）。

A. 搜狗　　　　　　B. 360 综合搜索　　　　C. 百度　　　　　　D. 夸克

3.（单选题）搜索引擎营销的基本目标是（　　　）。

A. 提高品牌知名度　B. 增加网站流量　　C. 提高用户转化率　D. 以上都是

4.（单选题）下列不属于搜索引擎营销主要形式的是（　　　）。

A. 搜索引擎优化　　B. 关键词广告　　　C. 电子邮件营销　　D. 竞价排名

5.（单选题）下列主要反映搜索引擎返回的搜索结果中与用户需求真正相关的结果的比例的指标是（　　　）。

A. 查全率　　　　　　B. 查准率　　　　　C. 召回率　　　　　D. 响应时间

6.（单选题）具有"以人工方式或半自动方式搜集信息，由编辑员查看信息之后，人工形成信息摘要，并将信息置于事先确定的分类框架中"特点的搜索引擎是（　　　）。

A. 元搜索引擎　　　　　　　　　　　　　B. 目录式搜索引擎

C. 机器人搜索引擎　　　　　　　　　　　D. 网络蜘蛛搜索引擎

7.（多选题）搜索引擎优化方法包括（　　　）等。

A. 登录分类目录　　B. 关键词优化　　　C. 内链优化　　　　D. 外链优化

E. 网页优化

8.（判断题）搜索引擎营销就是搜索引擎优化。 （　　）

9.（判断题）提高关键词的出价一定能提高广告的排名。 （　　）

10.（判断题）索引数据库越大，搜索引擎的性能一定越好。 （　　）

培训课程 4　网络广告

一、网络广告的概念与特点

（一）概念

网络广告是广告业务在网络上的新发展，也是网络营销技术的先锋。技术上，它以数字代码为载体，利用电子多媒体技术设计，通过互联网广泛传播，并具备交互功能。简单来说，网络广告是广告主通过网络媒体发布的，旨在实现商品交换的广告。阿里云广告如图3-4-1 所示。

图 3-4-1　阿里云广告

（二）特点

1. 非强迫性

网络广告是按需展示的，用户可自主选择是否接受，避免了传统广告的强迫性。然而，仍有一些广告商采取强制推送手段，如弹窗广告，影响了用户体验。

2. 实时性与交互性

网络广告能实时更新内容（如价格调整），而传统广告一旦发布难以更改。网络广告的交互性使用户便捷获取详细信息，体验产品。

3. 广泛性

网络广告具备广泛的传播范围，不受时间和地域的限制，内容丰富详尽，形式多样，涵盖了动态影像、文字、声音等媒介，能够有效激发用户的购买欲望。

4. 易统计性和可评估性

互联网广告可利用统计系统精确衡量广告效果，为广告主提供准确的评估依据，从而助力他们科学审定广告投放策略。

5. 重复性和检索性

网络广告赋予用户主动检索和重复观看的便利，将文字、声音、画面等元素巧妙融合，满足用户的多样化需求。

6. 视听效果的综合性

网络广告集文字、动画、图像、声音等于一体，为用户创造身临其境的感觉，提供信息和视听享受，增强广告吸引力。

7. 经济性

互联网广告相较于传统媒体，以其低廉的投放成本和更高的经济性，成为许多企业的优选。

8. 发布方式的多样性

网络广告有多种发布方式，广告主可自行发布或通过代理商发布，因此广告主享有更多自主权。企业可选择内部平台如网站、博客、微博、微信等，或利用外部平台如搜索引擎、内容网站、销售网络、友情链接、社区、公告栏、网上报纸、新闻组、网络黄页等进行广告发布。

二、网络广告的分类

网络广告有展示类广告、文本类广告、视频类广告等。其中，横幅广告、文本链接广告、中插广告等都是目前较为常见的网络广告类型。网络广告的分类见表 3-4-1。

表 3-4-1　网络广告的分类

类型	详细分类	分类说明
展示类广告	横幅广告	通常位于网页顶部、底部或侧边，以横条或竖条形式呈现，多为图片、动画格式
	按钮广告	尺寸较小，一般为方形或矩形，是一种可点击的图标式广告
	通栏广告	横跨网页的整行，宽度较大，视觉效果突出
	弹窗广告	用户打开或关闭页面时弹出的独立广告窗口
	插屏广告	在应用程序或网页的特定界面切换等过程中弹出的广告，覆盖部分或整个屏幕

续表

类型	详细分类	分类说明
文本类广告	文本链接广告	以文字链接形式出现，点击可进入指定页面
	软文广告	以新闻报道、科普文章等形式撰写，将广告信息巧妙融入其中
视频类广告	前贴片广告	视频播放前播放，时长一般为 15 秒、30 秒或 60 秒等
	中插广告	视频播放中途播放，时长较短
	后贴片广告	视频播放结束后播放，时长较短
	信息流视频广告	出现在信息流中的视频广告，形式较为原生

三、网络广告策划

网络广告策划是根据互联网的特征及网络目标受众的特征对广告活动所进行的运筹和规划，在本质上与传统的广告策划思路相似，包括确定网络广告目标、确定网络广告的目标受众、进行网络广告创新、选择网络广告发布渠道等一系列的活动，如图 3-4-2 所示。

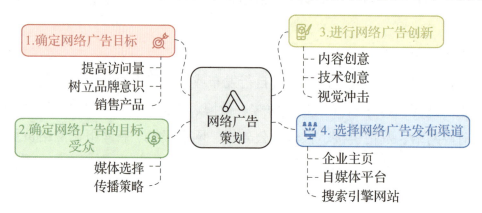

图 3-4-2　网络广告策划内容

（一）确定网络广告目标

确定网络广告目标的核心在于，通过信息传递，引导消费者深化对品牌的认知、触发情感共鸣、转变消费态度，并最终促成购买行为，从而助力企业实现营销目标。网络广告的主要目标包括提升访问量、塑造品牌意识及促进产品销售三个方面。

（二）确定网络广告的目标受众

网络广告的目标受众即广告传播的诉求对象。目标受众的精准定位对广告媒体的选择、传播策略的制定及广告文案的撰写均起着决定性作用。因此，发布网络广告时，必须依据营销目标明确目标受众，以确保广告的精准性和有效性。

（三）创新网络广告

网络广告策划中最具魅力且体现专业水准的部分当属创新。创新涵盖两个方面：一是内容、形式、视觉表现和广告诉求的创新；二是技术层面的创新。在网络广告创新的过程中，应注意以下关键点：打造强烈视觉冲击，传递简明信息，保持适度曝光，增强互动体验，并恰当运用动画效果。

网络广告策划还需重视网页浏览链接的规划。旗帜广告的设计需有全局思维，应充分考虑目标消费群体的需求差异、媒体的受众属性、广告预算的多少及广告曝光时间的长短。

相较于传统媒体广告的强制性信息推送模式，网络媒体广告的许多形式处于被动等待用户点击的状态。同时，网络广告的展示版面通常较为有限，这在一定程度上限制了创新的发挥空间。成功的网络广告策划需要突破这些局限，既要化被动为主动，又要突破版面限制，实现创意突破。

（四）选择网络广告发布渠道

企业发布网络广告的方式和渠道丰富多彩，广告主应依据自身实际需求，秉持广告效益最大化的宗旨，灵活选取一种乃至多种发布渠道。主要发布渠道包括：企业官方网站、微博、微信等平台、搜索引擎网站或内容网站，以及各类销售网络等。

 政府方案

广告中禁止使用的词汇

"一"相关词汇

第一、中国第一、全网第一、销量第一、排名第一、唯一、第一品牌、NO.1、TOP.1、独一无二、全国第一、全球第一、仅此一次、仅此一款、最后一波、一天、一流。

"最"相关词汇

最、最佳、最具、最爱、最赚、最优、最优秀、最好、最大、最大程度、最高、最高级、最高档、最奢侈、最低、最低级、最低价、最底、最便宜、时尚最低价、最流行、最受欢迎、最时尚、最符合、最舒适、最先、最先进、最先进科学、最先进加工工艺、最先享受、最后、最后一波、最新、最新科技、最新科学、最新技术。

"级/极"相关词汇

国家级、国家级产品、全球级、宇宙级、世界级、顶级（顶尖/尖端）、顶级工艺、顶级享受、高级、极品、极佳（绝佳/绝对）、终极、极致。

典型习题分析

1.（单选题）下列不属于内部网络广告发布平台的是（　　　）。

A.企业网站　　　　　B.企业博客　　　　　C.企业微博　　　　　D.搜索引擎网站

2.（单选题）下列可以将文字、声音、画面完美地结合之后供用户主动检索、重复观看的是（　　　）。

A.杂志广告　　　　　B.网络广告　　　　　C.电视广告　　　　　D.报纸广告

3.（单选题）网络广告策划首要关注的是（　　　）。

A.确定网络广告目标　　　　　　　　B.进行市场调研

C.确定网络广告的目标受众　　　　　D.选择网络广告发布渠道

4.（单选题）下列属于网络广告广泛性表现的是（　　　）。

A.内容详尽　　　　　　　　　　　B.形式多样

C.传播范围广，无时间地域限制　　　D.传播速度快

5.（单选题）如果一个营销活动的目标是增加一个网站新流量的百分比，下列说法正确的是（　　　）。

A.在博客上留下的评论会增加

B.收入将以同样的比例上升

C.综合浏览量会减少

D.作为所有访问者数量的一部分，再次光顾网站的访问者的百分比会下降

6.（单选题）网站营销人员最希望看到随着时间的推移而下降的数据是（　　　）。

A.弹出率　　　　　　　　　　B.花在网站上的时间

C.新用户的数量　　　　　　　D.回访者的百分比

7.（多选题）网络广告的主要特点有（　　　）。

A.非强迫性　　　　　　　　B.实时性与交互性

C.广泛性　　　　　　　　　D.易统计性和可评估性

E.视听效果的综合性

8.（多选题）网络广告发布渠道包括（　　　）。

A.企业主页　　　　　　　　B.博客、微博、微信等平台

C.搜索引擎网站或内容网站　　D.专类销售网

9.（判断题）网络广告只能通过网站传播。　　　　　　　　　　　　　　（　　　）

10.（判断题）网络广告是一种单向的沟通方式。　　　　　　　　　　　（　　　）

培训课程 5　电子邮件营销

一、电子邮件营销的概念

电子邮件营销是指在用户明确许可的基础上，企业借助电子邮件这一媒介，向目标受众传递富有价值的信息，以此实现网络营销目的的一种手段。该手段将电子邮件作为沟通桥梁，确保企业的营销信息能够准确无误地送达潜在客户或现有客户手中，进而达成诸如提升销售额、扩大品牌知名度及增强客户忠诚度等营销目标。

二、电子邮件营销的特点

电子邮件营销凭借其覆盖全球的庞大用户基数、高效便捷的操作流程、低成本的推广优势、灵活多样的内容形式及精准定向的投放策略，成为数字时代极具竞争力的营销方式，为企业提供了高效触达目标受众的营销渠道。电子邮件营销的特点见表 3-5-1。

表 3-5-1　电子邮件营销的特点

优势类型	核心要点	示例 / 应用场景
覆盖范围广	全球触达、海量用户覆盖	跨境电子商务推广、国际品牌宣传
操作简单、效率高	一键群发、技术门槛低	电子商务节日促销、会员活动通知
营销成本低廉	成本仅为传统广告的一小部分	初创企业推广、非营利组织筹款
内容灵活性强	信息承载量高、形式不受限	产品手册发送、行业白皮书分发
定向精准度高	用户分层、精准触达	新功能用户定向推送、VIP 客户专属优惠

三、电子邮件营销的原则

电子邮件营销需要遵循一系列原则，以确保营销活动的有效性、合规性和对用户的尊重，从而提升用户体验和营销效果，以下是一些主要的原则。

（一）合法性原则

企业开展电子邮件营销时，必须遵守相关法律法规，如《中华人民共和国网络安全法》《中华人民共和国电子商务法》等，确保用户信息得到保护和商业信息发送的合法性。发送电子邮件前，企业应获得用户明确许可，禁止擅自收集和使用他人邮箱地址。

（二）相关性原则

企业应根据用户兴趣、行为、购买历史等数据，精准匹配营销内容与受众，深入了解目标受众的需求和痛点，确保推广的产品或服务能够精准匹配，有效解决问题。

（三）个性化原则

企业在电子邮件开头或正文中可使用用户姓名或昵称，增加亲近感和个性化体验，并根据用户偏好和行为数据，提供个性化内容。

（四）价值性原则

电子邮件内容应有价值，如行业动态、专业知识、使用技巧、优惠活动等，帮助用户解决问题，提升满意度和忠诚度。

（五）简洁性原则

电子邮件内容应力求简洁明了，避免冗长复杂的表述和过多的专业术语堆砌，同时减少图片、动画的使用及复杂排版设计，从而提升用户的阅读体验。

（六）频率适度原则

企业应避免频繁发送电子邮件，以免造成用户困扰。制订合理的电子邮件发送计划，确定合适的发送时间和间隔。

（七）可退订原则

企业应在每封电子邮件中提供清晰的退订链接或方式，尊重用户选择，维护企业形象。

（八）数据安全与隐私保护原则

企业应采取技术措施和管理手段保护用户数据安全，防止数据泄露、丢失和滥用，并对数据进行加密存储和传输，定期备份和安全检测，确保数据完整性和保密性。

四、电子邮件营销的分类

企业进行电子邮件营销时应根据企业目标、资源及用户特征进行规划与执行，并选择适配的策略。电子邮件营销可按照营销计划周期、功能定位及地址资源所有权三大维度划分类型，其核心特点与适用场景见表3-5-2。

表3-5-2　电子邮件营销分类

分类维度	类型	核心特点	适用场景
营销计划周期	长期电子邮件营销	持续用户关系维护；强调品牌忠诚度与复购	会员定期通信；品牌资讯推送
	短期电子邮件营销	短期目标驱动（促销/活动）；快速转化导向	节日促销；限时抢购通知

续表

分类维度	类型	核心特点	适用场景
功能定位	顾客关系电子邮件营销	增强用户黏性；提供个性化互动（如生日祝福）	VIP 客户专属服务；用户生命周期管理
	顾客服务电子邮件营销	解决售后问题；提升服务效率	订单确认；退换货流程指引
地址资源所有权	内部列表（自有资源）	用户自愿注册数据；需长期维护（退信/反馈跟踪）	会员管理；老客户复购激活
	外部列表（第三方资源）	租用服务商数据库；灵活选择目标消费群体	新用户拉新；市场快速测试

电子邮件营销与搜索引擎营销既相互独立，又相互促进。电子邮件营销是一种用户被动接收信息的方式，而搜索引擎营销则是用户主动寻求信息的方式。

 **企业创新**

数字化时代，电子邮件营销持续焕发新活力

在当今数字化时代，电子邮件作为强大的数字营销工具之一，依然占据着不可替代的地位。其独特的优势使得它在众多新兴营销渠道中脱颖而出，持续发挥着重要作用。

电子邮件营销的精准性较高。通过对用户数据的深度挖掘与分析，企业能够精准定位目标受众。并且，电子邮件具有高度的个性化定制能力。企业不再局限于发送千篇一律的通用邮件，而是可以根据不同用户群体甚至每个用户的独特需求，量身打造邮件内容。

在未来，随着人工智能、大数据等前沿技术的不断发展，电子邮件营销有望迎来更多的创新与突破。人工智能可以进一步优化邮件内容的生成与推荐，通过对海量数据的实时分析，能够为每一位用户生成最具吸引力的邮件内容。大数据则能帮助企业更深入地了解客户的行为模式和需求变化趋势，提前制定营销策略，实现更加精准、高效的电子邮件营销。

典型习题分析

1.（单选题）用于营销的电子邮件与垃圾邮件的本质区别是（　　）。

A. 是否事先获得用户许可　　　　　　B. 邮件是否有用

C. 邮件是否有病毒　　　　　　　　　D. 邮件是否合法

2.（单选题）利用电子邮件进行营销的首要任务是（　　　）。

A. 发电子邮件　　　　　　　　　　B. 获取客户电子邮件的地址

C. 订阅电子报　　　　　　　　　　D. 在报纸上发布新闻

3.（单选题）使用电子邮件发布商务信息应注意的主要问题是（　　　）。

A. 频繁发送　　　　B. 准确定位　　　　C. 主动收集　　　　D. 发送面广

4.（单选题）下列不属于获得用户许可的合法方法的是（　　　）。

A. 购买用户信息　　B. 订阅邮件列表　　C. 用户注册　　　　D. 用户登录

5.（单选题）下列不属于常见的邮件列表形式的是（　　　）。

A. 新闻邮件　　　　　　　　　　　B. 会员注册信息

C. 顾客定制信息　　　　　　　　　D. 新产品选择

6.（多选题）电子邮件营销的基本因素是（　　　）。

A. 信息对用户是有价值的　　　　　B. 通过电子邮件传递信息

C. 互联网　　　　　　　　　　　　D. 基于用户许可

7.（多选题）按照电子邮件地址资源的所有权分类，电子邮件营销可分为（　　　）。

A. 内部电子邮件营销　　　　　　　B. 第三方电子邮件营销

C. 外部电子邮件营销　　　　　　　D. 公共平台电子邮件营销

8.（判断题）开展内部列表电子邮件营销应首先合法获取 E-mail 地址资源。（　　　）

9.（判断题）外部列表的主要职能在于增进顾客关系、提供顾客服务、提升企业品牌形象等。（　　　）

10.（判断题）创建邮件列表后，其信息是否公开在网页上，取决于列表的类型。（　　　）

培训课程 6　网络会员制营销

一、网络会员制营销的概念

网络会员制营销（Affiliate Marketing），也被称为联属网络营销或合作行销，是一种基于绩效的营销模式。它通过计算机程序和利益关系将商家（广告主）、推广者（会员／联盟伙伴）和消费者三方连接起来，旨在扩展商家的全球分销渠道，并为会员网站提供一个简易的赚钱途径。例如，亚马逊于 1996 年首创了这种营销方式，而 eBay 通过与第三方解决方案提供商合作，成功实施了网络会员制营销，为广告主带来了可观的访问量和销售额。

二、会员制营销参与主体

（一）商家

商家是会员制营销的发起者和资源提供方，主要负责制定规则并提供支持，具体职责见表 3-6-1。

表 3-6-1　会员制营销商家职责

职责	具体内容
佣金规则设计	设定分层佣金比例，如电子商务商品的佣金比例为销售额的 5%~30%，虚拟产品（如在线课程）的佣金比例可达 50%。商家还可以设置阶梯奖励，如月推广额超 10 万元，佣金比例提升 2%
推广资源支持	提供专属链接、广告素材（包括图文模板、视频脚本）、优惠券代码等。例如，某护肤品牌提供"限时买一送一"专属折扣码，刺激消费者下单
会员管理	筛选出的优质推广者必须通过审核，如要求抖音账号粉丝 ≥ 10 万、内容垂直度 ≥ 80%，并定期检查内容是否符合品牌调性

（二）推广者

推广者作为商家与消费者之间的纽带，其多样化的类型和策略会对营销效果产生直接影响。例如，哔哩哔哩 UP 主通过开箱视频引流，小红书博主以"测评＋专属链接"形式种草，微信团长通过私域社群推送限时团购链接，母婴类推广者聚焦宝妈社群，在育儿知识分享中植入奶粉购买链接。

（三）消费者

消费者是最终完成交易的关键角色，其行为受多重因素驱动。市场实践表明，达人推荐对消费决策的影响力显著，如某科技达人测评手机后，粉丝通过其链接购买的比例高达 35%，这体现出相较于传统广告，消费者更倾向于选择达人推荐的商品。

三、会员制营销常见模式

会员制营销的常见模式包括 CPS（Cost Per Sale，按销售额计费）、CPL（Cost Per Lead，按有效线索计费）和 CPA（Cost Per Action，按指定行为计费），三者分别针对不同场景，见表 3-6-2。

表 3-6-2　会员制营销常见模式

模式	适用场景	计费标准	风险控制要点
CPS	高客单价商品（如大家电）	实际成交金额的固定比例	防范退货刷单（设置 7 天观察期）
CPL	线索收集型业务（保险、教育）	每条有效联系方式（如电话/邮箱）	验证线索有效性（人工回访抽查）
CPA	App 拉新、会员订阅	完成指定动作（如注册并绑卡）	监测用户留存（要求次日活跃）

四、会员制营销核心流程

会员制营销核心流程一般包括制订推广计划、会员注册与链接获取、消费者行为追踪、佣金结算与优化四个环节，如图 3-6-1 所示。

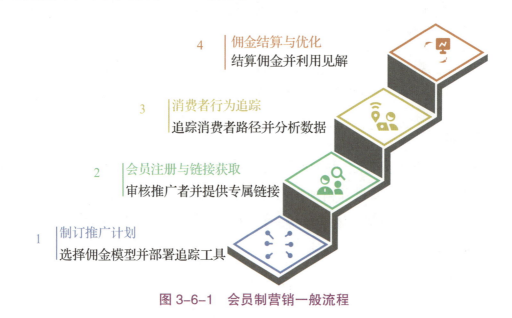

4　佣金结算与优化
结算佣金并利用见解

3　消费者行为追踪
追踪消费者路径并分析数据

2　会员注册与链接获取
审核推广者并提供专属链接

1　制订推广计划
选择佣金模型并部署追踪工具

图 3-6-1　会员制营销一般流程

（一）制订推广计划

商家在启动推广计划前，需设定佣金结构和技术规则。采用分层激励机制，如基础佣金为销售额的 5%，若月推广额超 10 万元，则额外奖励 3%，以此激励会员积极推广。在新品推广期，可设特殊奖励，如"双倍佣金"，将佣金比例提升至 20% 以吸引会员参与。技术上，设置合理 Cookie 有效期，如 90 天，确保订单准确归因，提升推广效率，减少佣金纠纷。

（二）会员注册与链接获取

会员注册是会员制营销的关键。商家需设立严格审核机制，如抖音账号粉丝数需达 10 万，近 30 天活跃度超 70%，以确保会员推广能力。会员需签署《反作弊协议》，禁止出现违规行为，违规者扣除佣金，严重者罚款。商家为会员提供动态链接生成工具，会员可以自定义标记来源渠道，从而更加灵活地优化自身的推广策略。

（三）消费者行为追踪

商家可采用先进追踪技术确保数据准确性。Cookie/像素追踪记录用户点击后30天内购买行为，计入会员佣金。建立防作弊机制，屏蔽高频点击行为，减少虚假线索。归因模型的选择以商品类型与决策成本为依据，如电子商务倾向于采用最后点击归因，而高决策成本商品则适用多触点模型，以确保佣金分配的合理性与公平性。

（四）佣金结算与优化

佣金结算与优化是会员制营销的最终环节。商家可设定结算周期和观察期，如"月结+15天观察期"，确保订单及时结算。同时，商家提供数据看板，展示点击量、转化率、佣金预估等关键指标，帮助会员了解推广效果，以便及时调整策略。通过数据分析，商家可优化佣金结构，提升推广效率，如某企业通过数据分析将高转化渠道佣金提升至12%，淘汰低效渠道，实现ROI（Return on Investment，投资回报率）提升。

 企业创新

山姆会员商店卓越的会员制

山姆会员商店泉州晋江店是泉州地区首家，也是全国第二家县级山姆会员商店。作为世界500强企业沃尔玛旗下的会员制商店，山姆已在中国开设了53家商店，泉州店坐落于晋江市池店镇。凭借其卓越的会员制，在零售江湖中独树一帜，成就商业传奇。

会员类型：精准定位，分层服务。

山姆的个人会员可细分为普通会员与卓越会员。普通会员年费260元，为大量消费者开启了高品质购物的大门，能享受日常商品的会员价、免费停车等基础权益。而卓越会员在普通会员基础上，虽年费680元略高，但回报更为丰厚。除了更高的积分返利，还涵盖如免费洗车、眼镜清洗、2%的消费返现（可用于下次购物）等进阶服务。商业会员专为企业经营者、小商户等群体量身打造。除了让商业会员节省进货成本，还为其提供额外的商业服务支持，如免费的广告宣传资源，以及专业的商业采购咨询，助力企业降低运营成本、拓展业务，与企业客户形成紧密且互利的合作关系。

典型习题分析

1.（单选题）网络会员制营销又可以称为（   ）。

A.网络营销   B.网络推广   C.运营计划   D.联属网络营销

2.（单选题）根据网上销售商的实际情况制订会员制计划的具体实施方案，供网上销售商采用的是（   ）。

A. 网上销售商   B. 会员

C. 会员制解决方案提供商   D. 网上消费者

3.（单选题）下列不属于网络会员制营销系统的是（   ）。

A. 网上销售商   B. 网络会员   C. 会员制营销   D. 网上消费者

4.（单选题）下列不属于会员制营销的特点是（   ）。

A. 资源共享   B. 高成本   C. 合作共赢   D. 高效率

5.（单选题）下列不属于网络会员制国内案例的是（   ）。

A. 卓越联盟店   B. 当当网联盟计划

C. 易趣创业联盟   D. 亚马逊联盟

6.（多选题）网络会员制营销在实施过程中可能面临的问题有（   ）。

A. 会员权益难以平衡   B. 会员数据安全风险

C. 会员增长瓶颈   D. 会员服务质量参差不齐

E. 容易引发会员与非会员之间的矛盾

7.（多选题）网络会员制营销的主要作用包括（   ）。

A. 增加客户忠诚度   B. 提高市场竞争力

C. 降低营销成本   D. 提升品牌知名度

E. 促进客户重复购买

8.（判断题）对于所有的网络会员制，用户只有付费才能成为会员。   （   ）

9.（判断题）网络会员制营销只能为企业带来短期收益，无法实现长期盈利。   （   ）

10.（判断题）网络会员制只能用于电子商务平台。   （   ）

培训课程7　博客营销与微博营销

学习单元1　博客营销

一、博客的概念

博客，即网络日记，是个人管理的网站，用户可不定期更新文章。它是互联网技术的关键应用之一，被视为继电子邮件、BBS（Bulletin Board System，电子公告板系统）、即时通信（Instant Messaging，IM）之后出现的第四种交流工具。博客通常专注于特定主题，提供评论或新闻，内容形式多样，包括文字、图片、链接、视频和音乐等。大多数博客以文字为主，也有专注于艺术、摄影、视频、音乐等主题的博客，如新浪（图3-7-1）、搜狐、网易等。

图 3-7-1 新浪博客

二、博客营销

（一）博客营销的内涵

博客营销作为内容营销的重要组成部分，正逐渐成为企业和个人网站推广的新阵地。它不仅利用了博客作者个人的知识、兴趣和生活体验，即作者通过撰写高质量的博客文章来传播企业或商品信息，还通过构建品牌形象、增强用户黏性、提升搜索引擎排名和促进业务转化等多方面的综合效应，达到宣传个人或宣传企业的目的。博客营销有两层含义，第一层含义是发布原创博客帖子，建立权威度，进而影响用户购买；第二层含义是企业付费聘请其他博客写手撰写博客帖子，评论企业产品。真正的博客营销依赖原创且专业的内容吸引并培养忠实读者，建立读者群中的信任与权威，塑造个人品牌，进而影响读者的思考与购买决策。

（二）博客营销的特点

博客营销因其目标精确、成本低廉等特点而受到青睐。

（1）影响力广泛，博客成为网民的"意见领袖"。

（2）受众明确且稳定，细分程度高，针对性强。

（3）可信度高，博主结合媒体传播和人际传播，有利于营销功能实现。

（4）传播自主性强，企业可随时调整营销信息和发布时间。

（5）互动性好，企业可通过博客与读者互动，及时调整营销策略。

（三）博客营销的形式

企业因实力、知名度及行业差异，采用的博客营销方式各具特色，从企业博客在营销中的具体应用来看，企业开展博客营销常见的形式主要有企业网站博客频道模式、第三方BSP（Blog Service Provider，博客服务提供商）公开平台模式、建立在第三方企业博客平台的博客营销模式、个人独立博客网站模式、博客营销外包模式、博客广告模式6种模式。

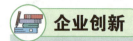 **企业创新**

"3C产品"博客营销案例

戴尔

内容策略：戴尔成立网上客户问题处理小组，由科技支持专家在博客中寻找有技术问题需要解决的客户。同时，戴尔设立戴尔直通车、DellShares投资者关系博客等不同类型的博客，为客户和投资者提供针对性内容，增强了客户对戴尔的信任和满意度，有效解决客户问题，提升品牌口碑。

惠普

内容策略：惠普在hpdv3000产品推广时，首先举办产品发布会，邀请领袖级博客现场同步直播和IT界领袖博客进行产品测评及讨论，还开展了"我的混搭数码生活博客接龙大赛""我的数码混搭生活视频大赛"，并邀请营销评论博客对大赛作网络营销角度的评论。惠普的策略使hpdv3000产品获得了极高的关注度和曝光度，产品知名度大幅提升。

学习单元2　微博营销

一、微博的概念

微博，微型博客（MicroBlog）的简称，微博是一个基于用户关系信息分享、传播及获取的平台。用户可以通过网页端、手机网页移动浏览端等各种客户端组建个人社区，实现即时分享。微博的关注机制分为可单向、可双向两种。

二、微博的特点

（一）快捷性

微博作为一个交互式平台，允许用户发布或浏览包含文字、图片、视频等多种形式的内容，加速了信息的传播速度。

（二）创新交互方式

微博无须加好友即可接收关注者信息，被称为"背对脸"交流。

（三）原创性

微博对于信息发布的限制少，用户易于创作原创内容。

（四）草根性

微博赋予了每个用户成为"草根记者"的权利，使得信息传播者与接收者在地位上趋于平等。

（五）宣传影响力弹性大

微博在宣传方面的影响力主要源自其内容的质量和用户的关注数量。用户若拥有较多关注者，再加上内容具备高度的信息吸引力和新闻性，其影响力自然水涨船高。

三、微博营销

微博营销是微博广泛普及的产物，它利用微博平台实现企业信息的交互，是企业通过微博平台开展企业宣传、品牌推广、活动策划及产品介绍等一系列市场营销活动的新方式。

微博营销以低成本、精准传播为核心，通过灵活多样的内容形式与实时互动机制，快速触达目标用户并提升参与度。微博营销的特点见表3-7-1。

表 3-7-1　微博营销的特点

特点	核心说明
成本低廉	依托新浪微博等免费平台，用户基数庞大，前期投入及后期维护成本显著低于传统媒体
精准传播	信息直达兴趣用户，传播即时性强，转化效率高（如新品发布可触达90%目标粉丝）
形式灵活	支持图文、视频等多形式内容；话题可自定义（如热点借势、UGC互动），用户参与度提升30%~50%
实时互动	企业可直接回复评论、发起投票，实现双向沟通，24小时内反馈率为60%~80%

四、微博营销与博客营销

微博营销和博客营销是网络营销的关键方式，用于传播信息和推广产品。两者都需要创造有价值的内容以吸引用户，传递品牌和产品信息。目标是提升品牌知名度、扩大影响力、吸引潜在用户，实现销售增长和用户忠诚度提升。此外，二者通过与用户的互动建立良好关系，了解用户需求和反馈，为其决策提供支持。微博营销与博客营销区别见表3-7-2。

表 3-7-2　微博营销与博客营销区别

对比维度	微博营销	博客营销
主要特点	即时性强，碎片化信息，高话题性，更新频率高	长文章，内容完整深入、系统专业，更新频率低但信息量大
传播机制	基于关注/转发，传播迅速（病毒式扩散），范围不可控	依赖 SEO、友情链接、订阅，传播慢但受众稳定（垂直领域）
互动性	实时互动（评论/点赞/转发），参与人数多，氛围活跃	互动较少且延迟，但讨论更深入，用户黏性强
用户行为	碎片化浏览，决策快，易受热点影响	主动搜索深度阅读，决策周期长，注重内容质量
适用场景	快速曝光、热点营销、活动推广、即时销售（如直播带货）	产品深度解析、技术科普、品牌故事、长期用户培育（如行业白皮书）
核心优势	快速触达海量用户，制造话题声量，适合短期爆发	建立专业权威性，增强用户信任，适合长期品牌沉淀

📚 企业创新

卡萨帝：以科技美学撬动微博社交裂变

2023 年，卡萨帝为推广全球首款主动控氧保鲜的中子 F2 冰箱，于微博发起 #细胞级养鲜实验室# 营销活动，以多元玩法诠释创新科技。

卡萨帝联合中国科学院专家发布延时摄影，对比草莓分别在普通冰箱与中子 F2 冰箱存放 7 天的状态，凭借超 4 200 万的播放量，将"细胞级养鲜"具象化，并开展"冷冻玫瑰复活挑战"，邀请用户将玫瑰冷冻 7 天后解冻，并通过投稿分享成果。这一活动吸引了约 11 万人参与，产出 3.6 万条 UGC，深度绑定用户。

卡萨帝在营销活动中搭建了跨圈层 KOL 矩阵。它与果壳网合作，解读中子 F2 冰箱的技术原理和科学依据；邀请美食博主进行古今保鲜对比实验，展示冰箱在日常生活中的实用性；鼓励艺术家利用保鲜食材进行创作，结合冰箱的保鲜功能与艺术表达，赋予产品更多情感价值，实现品牌声量裂变。

📄 典型习题分析

1.（单选题）下列被认为是继电子邮件、电子公告板系统、即时通信之后出现的第四种交流工具的是（　　）。

　　A. 微博　　　　　　B. 微信　　　　　　C. 博客　　　　　　D. QQ

2.（单选题）下面选项不属于博客营销的特点的是（　　）。

　　A. 影响范围广　　　B. 受众不稳定　　　C. 互动性强　　　　D. 受众相对稳定

3.（单选题）微博营销与博客营销的不同包括（　　）。

　　A. 以内容为基础　　B. 信息传播模式　　C. 非原创性　　　　D. 草根性

4.（单选题）企业在进行博客营销时，最主要的目的通常是（　　）。

　　A. 快速增加粉丝数量　　　　　　　　B. 进行产品的直接销售

　　C. 树立品牌形象和传播专业知识　　　D. 与用户进行实时互动

5.（单选题）微博营销的信息传播模式主要是（　　）。

　　A. 一对一　　　　　B. 一对多　　　　　C. 多对一　　　　　D. 多对多

6.（单选题）下列关于微博营销的说法，错误的是（　　）。

　　A. 微博营销可以利用话题标签来提高内容的曝光度

　　B. 微博营销的内容形式只能是文字和图片

　　C. 微博的转发机制有利于信息的快速传播

　　D. 企业可以通过微博进行活动推广和线上互动

7.（多选题）博客平台一般是免费注册和使用的，目前可供选择的博客平台主要有（　　）。

　　A. 新浪　　　　　　B. 淘宝　　　　　　C. 天猫　　　　　　D. 网易

　　E. 腾讯

8.（多选题）企业在微博上发布的内容包括（　　）。

　　A. 有奖活动　　　　B. 促销信息　　　　C. 特色服务　　　　D. 企业文化

　　E. 领导喜好

9.（判断题）博客营销的内容并非必须非常简短以快速吸引读者注意力。　　　　　　（　　　）

10.（判断题）博客营销的互动性很强，用户可以实时与博主进行大量互动。　　　　（　　　）

职业模块四

电子商务运营与管理

 培训课程1　电子商务运营基础

　　电子商务运营是依托互联网技术，对电子商务业务各环节进行规划、组织、实施与控制，以实现业务目标的综合性活动。它涵盖商品管理、店铺运营、营销推广、客户服务、数据分析等关键板块，各部分相互关联、协同运作，共同推动电子商务业务的发展。电子商务运营的核心在于整合资源、优化流程，通过提升用户体验、促进销售增长和强化品牌形象，从而在激烈的市场竞争中赢得优势。

一、电子商务企业组织架构

　　电子商务企业组织架构是实现运营目标的基础。一个典型的电子商务企业组织架构包括运营部门、客服部门、供应链部门、数据分析部门等核心部门，如图4-1-1所示。

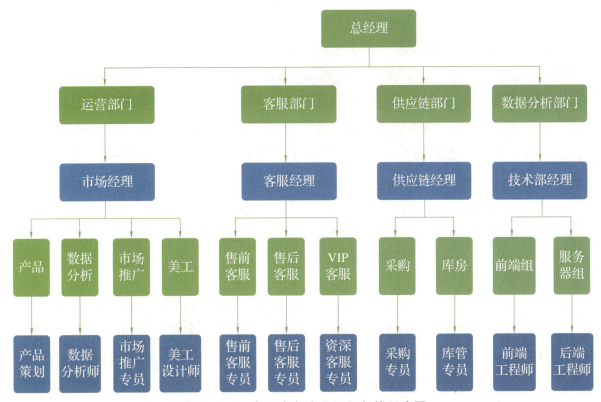

图 4-1-1 电子商务企业组织架构示意图

（一）运营部门——店铺运营的核心引擎

运营部门全面统筹店铺日常运营，制定并执行策略，以提升店铺流量、转化率及销售额；负责店铺页面整体规划与设计，依据用户行为数据和市场趋势不断优化页面布局，确保用户购物流程便捷、流畅，有效降低跳出率。

运营部门的工作重点是运用搜索引擎优化技术，研究搜索引擎算法规则，优化商品标题、关键词、描述等元素，提高店铺在搜索结果中的排名，获取更多免费自然流量；同时合理利用搜索引擎营销工具，包括百度竞价排名、淘宝直通车等，以精确定位潜在顾客，借助付费广告策略性地提高店铺的曝光率。运营部门根据市场动态和节日节点，策划并执行各类促销活动，如"双 11"购物节、"618"大促等，吸引消费者购买，提升店铺销售额和知名度。

某淘宝女装店铺运营部门发现，在夏季搜索"碎花连衣裙"的用户增多，于是优化相关商品页面，将"碎花连衣裙"设为核心关键词，调整页面布局以展示上身效果；同时利用直通车精准投放，针对关注女装且近期搜索过相关关键词的用户进行推广；策划"夏日碎花狂欢，满 200 减 50"的活动，结果该商品搜索排名上升，流量在一周内增长 60%，活动期间销售量较之前翻了 3 倍。

（二）客服部门——客户关系的重要桥梁

客服部门的核心职责是售前咨询、售中协助和售后服务，是提升用户满意度和忠诚度的关键部门。在消费者选购商品前，客服部门应细致解答商品详情、使用指南及购买提议等相关疑问，消除顾客顾虑，促使其作出购买决定。

淘宝数码店铺客服团队，在接待一位咨询手机性能的用户时，不仅详细解答，还根据客户需求推荐合适机型，并告知用户店铺优惠活动。用户一旦下单，客服便迅速跟进订单状态，并主动、细致地提供物流信息更新。用户收到手机后发现存在小问题，客服迅速安排退、换货，全程跟进处理。因此该用户不仅给了店铺好评，还推荐朋友购买，该店铺当月用户复购率提升 15%，好评率达 98%。

（三）供应链部门——商品流通与交付的核心保障

供应链部门是企业运营的核心环节，由供应链经理领导，下设采购和库房两大子部门，共同确保商品从采购到存储再到发货交付的高效流转。采购团队专注于商品寻源、供应商管理及科学制订采购计划，保障库存充足、合理，避免积压或缺货。库房团队则承担仓储管理、订单处理与发货准备的核心职责：他们根据商品特性和销售数据优化仓库布局与空间利用率，通过完善的库存管理系统实时、精准地监控库存；在接到订单后，快速、准确地进行商品分拣、包装，并协同选择合适的物流伙伴，确保商品及时交接、配送；同时持续优化发货流程，以提高效率、缩短消费者等待时间，并监控物流状态，协助处理异常情况，将信息反馈给消费者，以提升其购物体验。例如，某淘宝母婴店通过供应链部门整体优化（精准采购、改进仓库布局、引入智能分拣设备、优化发货流程、精选物流伙伴并协商提速），成功将平均发货时间缩短至 12 小时以内，物流投诉率锐减 80%，客户满意度激增 20%，店铺评分显著提升。

（四）数据分析部门——运营决策的智慧大脑

数据分析部门借助数据分析方法和工具，对海量数据进行深度挖掘与分析，以期洞察数据背后隐藏的规律与症结，其涵盖流量来源的细致分析、用户购买行为的全面洞察及商品销售趋势的精准预测等。数据分析部门根据数据分析结果，为运营部门提供优化建议，如调整商品定价、优化页面布局、改进营销策略等，从而提升店铺运营效率和效益。

某淘宝零食店数据分析部门发现，20∶00—22∶00 点流量高但转化率低，且部分商品加入购物车未付款比例高。分析原因是页面加载慢，部分商品促销信息不明显。因此，数据分析部门建议运营部门优化页面加载速度，突出商品优惠信息。

二、电子商务运营基本目标

电子商务运营基本目标是确保企业的电子商务平台能够高效、稳定地运行，以满足用户需求、提高企业经济效益和市场竞争力。

电子商务运营基本目标一般包括流量增长、转化率提升、用户满意度提升、销售额增长四个具体目标。流量是店铺生存和发展的基础，没有足够的流量，商品和服务就难以被发现，销售业绩更无从谈起。故而，利用多样化的渠道与策略吸引潜在消费者光顾店铺，提升访问量，是电子商务运营的首要目标之一。转化率是衡量店铺运营效率的重要指标，它反映了店铺将流量转化为实际销售的能力。提高转化率意味着在相同流量的情况下，能够实现更多的销售业绩，从而提升店铺的盈利能力。用户满意度反映出消费者对电子商务平台商品质量、物流配送、售后服务等多方面的综合评价，是衡量用户忠诚度和重复购买意愿的关键指标。满意的用户更有可能成为回头客，为店铺带来持续的销售业绩和良好的口碑传播，促进店铺的长期、稳定发展。销售额是店铺运营的直接成果，是衡量店铺经营成功与否的关键指标。实现销售额的持续增长，是电子商务运营的核心目标，也是店铺实现盈利和发展的重要保障。电子商务运营基本目标实现策略见表 4-1-1。

表 4-1-1　电子商务运营基本目标实现策略

目标	实现策略
流量增长	搜索引擎优化通过优化商品、标题、关键词和描述等元素，提升店铺在搜索引擎中的排名，吸引免费流量。广告投放涉及选择合适的平台和工具（如电子商务平台广告、搜索引擎广告和社交媒体广告）进行精准投放，以提高点击率和转化率。社交媒体推广则通过在微博、微信、抖音等平台上发布内容，扩大店铺影响力和知名度，引导用户访问
转化率提升	优化店铺页面，提升用户体验，确保商品展示清晰、购物流程便捷、信息易获取，增加用户停留时间和购买意愿。策划促销活动，如限时折扣、满减优惠等，刺激用户购买欲望，促进下单。重视并管理用户评价，及时反馈，解决问题，提高店铺信誉和口碑，增强潜在消费者信心
用户满意度提升	加强客服培训，提升专业知识与服务技能，增强沟通和问题解决能力，提供优质高效的服务。优化售后服务体系，简化退换货流程，及时解决售后问题，展现店铺关怀。通过节日祝福、生日优惠等措施，建立情感联系，增强用户认同感和归属感
销售额增长	优化商品组合，提升竞争力和吸引力。策划多样化营销活动，如新品发布、主题促销，以提高客单价和购买频率。利用数据分析，调整运营策略，优化定价、库存和营销，提高运营效率

📩 典型习题分析

1.（单选题）以下不属于电子商务企业客服部门的是（　　　）。

A. 渠道开发　　　　B. 售前客服　　　　C. 客服主管　　　　D. 投诉处理

2.（单选题）网站运营的工作核心是（　　　），也就是通过努力把浏览器用户变成购物用户的过程。

A. 站内营销　　　　B. 站外营销　　　　C. 活动策划　　　　D. 数据分析

3.（单选题）投诉处理属于电子商务企业的（　　　）。

A. 运营部门　　　　　　B. 仓储部门　　　　　　C. 客服部门　　　　　　D. 管理部门

4.（单选题）某淘宝店铺想通过优化页面来提高转化率，以下做法错误的是（　　　）。

A. 简化购物流程　　　　　　　　　　B. 增加页面加载时间，以展示更多内容

C. 突出商品卖点　　　　　　　　　　D. 优化商品展示图片

5.（单选题）在淘宝店铺运营过程中，负责商品采购和商品信息编辑与发布的部门是
（　　　）。

A. 运营部门　　　　　　B. 商品部门　　　　　　C. 客服部门　　　　　　D. 营销部门

6.（单选题）如果顾客已经进入支付环节，那么需要等待（　　）分钟以后才可以重新
修改交易价格。

A. 5　　　　　　　　　B. 10　　　　　　　　　C. 15　　　　　　　　　D. 20

7.（多选题）在淘宝店铺运营过程中，属于用户满意度提升的实现策略有（　　　）。

A. 加强客服培训　　　　　　　　　　B. 推出更多新品

C. 优化售后服务　　　　　　　　　　D. 进行广告投放

E. 开展客户关怀活动

8.（多选题）某淘宝女装店铺想要提升流量，可采取的措施有（　　　）。

A. 优化商品标题关键词　　　　　　　B. 策划"满200减50"促销活动

C. 在抖音上投放短视频广告　　　　　D. 及时回复客户评价

E. 利用淘宝直通车进行精准投放

9.（判断题）运营人员的工作内容包括对网店流量监控分析、投诉处理等。　　　　（　　　）

10.（判断题）客服接待顾客时，第一句话不重要。　　　　　　　　　　　　　　　（　　　）

培训课程 2　商品管理

　　商品管理涵盖商品信息的编辑与发布两大核心环节，如图4-2-1所示。编辑商品信息
时，需要确保标题精确无误、描述全面细致、图片高清可辨，以增强商品的吸引力；而在发
布环节，则需要精心选择发布时间、优化商品展示位置，确保商品能迅速吸引目标消费者的
注意，进而提升曝光率与点击率。

图 4-2-1 商品管理主要环节

此外，定期更新商品信息，保持与市场趋势同步，也是提升商品竞争力的关键。

一、商品信息编辑的核心要素

商品信息编辑是电子商务运营的核心部分，它直接作用于消费者的购买选择。根据电商转化率的计算公式和影响要素，精确、全面且富有创意的商品信息是提高转化率的关键因素。这一环节主要包括商品标题优化、商品分类与目录整理、商品描述内容的撰写及图片与视觉设计。

（一）商品标题优化

商品标题应包含关键词（品牌、属性、促销词等），如"华为 5G 旗舰手机 限时折扣优惠"。鉴于淘宝商品标题的字数限制为 30 个汉字，编写商品标题时必须确保其简洁性，并符合消费者的搜索习惯，应避免使用冗长的表达，以确保在搜索结果中能够一目了然，从而提高点击率；同时，应避免使用夸大或违规的词汇，如"国家级""全网最低"等，以确保遵守平台规则。

（二）商品分类与目录整理

必须根据商品的属性，选择恰当的分类，并确保分类层级的唯一性。错误的分类不仅会降低消费者的搜索体验，还可能严重影响商品的曝光率及销售情况。例如，"沙滩椅"被归类至"工艺品"是错误的，应更正为"家具摆设"。因此，在编辑商品信息时，应仔细核对商品分类，确保其准确无误。

（三）商品描述内容的撰写

务必详尽填写包括规格、材质、使用方法、售后服务等在内的所有必填信息，确保消费者能够全方位、深入地了解商品。此外，还可以根据商品的特点，添加风格潮流、包装方式等选填信息，以增强商品描述的吸引力。在描述过程中，采用图文结合的方式能够更直观地展示商品特点，因此应使用高清图片，并注重图片与文字的协调。

（四）图片与视觉设计

主图应清晰展示商品全貌，辅图则可用于补充细节信息，如多角度展示、功能演示等。在图片处理方面，可以利用专业软件进行美化和优化，以提升图片的视觉效果。此外，还可以在图片中巧妙融入店铺 Logo，既彰显品牌特色，又能有效防止盗图行为。在选择背景色方面，应确保选择的颜色与商品形成对比，以便消费者能够更清晰地识别商品。在色彩搭配方面，需要遵循视觉美学原则，避免过于花哨，以免分散消费者注意力。在细节处理方面，文字描述应简洁明了，图片边缘需要平滑、无锯齿，确保整体视觉效果的和谐、统一。

常见商品信息编辑错误类型与相应的规避方法见表 4-2-1。

表 4-2-1　常见商品信息编辑错误类型与相应的规避方法

错误类型	规避方法
重复铺货：图片相同或相似，商品标题、属性等高度雷同	确保每种商品信息都是唯一的，避免重复发布相同或高度相似的商品信息。对于相似的商品，可以通过调整图片角度、修改标题和属性描述等方式进行区分
类目错放：将商品放置在与商品类别无直接联系的类目下	在发布商品时，仔细核对商品属性，选择正确的类目进行归类。同时，定期回顾和检查已发布的商品信息，确保类目的准确性
关键词滥用：如堆砌无关词汇	遵循"精准匹配＋核心卖点"的原则，参考平台推荐关键词工具

二、商品信息发布

（一）商品发布的流程

首先，登录商家后台，单击"发布商品"按钮，进入商品信息编辑页面，依次填写商品标题、类目、属性等信息。接着，单击"上传图片"按钮，选择高质量的商品图片，并按要求裁剪和调整图片。随后，精心撰写商品描述，力求信息准确无误且详尽无遗。最后，核对所有信息无误后，单击"提交审核"按钮，等待平台审核通过后，商品即可上线。商品发布流程如图 4-2-2 所示。

图 4-2-2　商品发布流程

（二）商品发布的合规要求

商品发布需要遵循平台规则，必须保证信息的真实性和合法性，严禁包含任何虚假宣传或违禁内容。审核通过后，定期更新商品信息，保持其时效性和准确性，以提升消费者信任度。同时，关注平台政策变化，及时调整发布策略，确保商品信息的合规性。以淘宝为例，商品发布违规及处罚情况见表4-2-2。

表4-2-2　商品发布违规及处罚情况

违规类型	处罚情况
禁售商品	如腐蚀性化学品、枪支弹药、代写的论文等，违者将永久封号
知识产权保护	禁止盗用品牌Logo或文案，违者面临商品下架或法律风险
虚假宣传	下架商品并公示警告、店铺降权

📝 典型习题分析

1.（单选题）卖家在商品图片上添加店铺Logo的主要目的是（　　）。

A.体现个性化　　　B.提高整体形象　　　C.美化图片　　　D.推广和防止盗图

2.下列不属于商品信息编辑要求的是（　　）。

A.标题精准　　　B.描述详尽　　　C.图片清晰　　　D.优化展示位置

3.（单选题）商品发布时，在标题里面可以包含的关键词是（　　）。

A.属性关键词　　　B.促销关键词　　　C.品牌关键词　　　D.以上都可以

4.（单选题）淘宝等主流电商平台规定，商品名称最多可以容纳的汉字个数是（　　）。

A.30个　　　B.20个　　　C.40个　　　D.不限制

5.（单选题）在商品详情页中，以下不宜过多的内容是（　　）。

A.商品图片　　　B.文字描述　　　C.用户评价　　　D.促销信息

6.（单选题）以下属于虚假宣传行为的是（　　）。

A.夸大商品功能　　　　　　　　B.展示真实用户评价

C.提供详细商品参数　　　　　　D.明确标注退、换货政策

7.（单选题）针对网购商品缺斤少两的问题，电子商务平台应采取的措施是（　　）。

A.完善信誉评价体系　　　　　　B.增加商品种类

C.降低商家入驻门槛　　　　　　D.减少促销活动

8.（多选题）在商品信息编辑中，以下会受到平台处罚的错误类型是（　　）。

A.重复铺货　　　B.类目错放　　　C.关键词滥用　　　D.图片模糊

9.（多选题）企业在管理第三方电子商务平台的店铺时，以下做法不正确的是（　　　）。

A. 只要图片质量好，商品描述无所谓

B. 一开始把信息发布完善，以后就可以等询盘了

C. 使用电子商务平台，就像经营自己的网站，要不断更新，不断完善

D. 使用电子商务平台，可以自己经营，也可以找人代运营

E. 使用电子商务平台，就是要多找买家、多发邮件，这样生意自然好

10.（判断题）淘宝商品发布的形式有三种，分别是：一口价、拍卖、团购。　（　　）

培训课程 3　订单管理

订单管理是连接客户需求和企业供应的关键纽带。高效的订单管理能提升客户满意度，减少错误率，确保物流时效。系统化操作和实时监控是订单管理的关键，需重视异常订单管理，及时沟通解决，以维护店铺声誉和客户满意度。

订单管理流程主要包括订单接收、订单审核、库存检查、价格确认、订单执行和订单跟踪等环节。客户在平台上下单后，系统首先接收订单信息，随后对订单信息的完整性和准确性进行审核，通过审核后，系统会检查库存情况，以满足订单需求，然后确认订单价格，接着处理和执行订单，并持续跟踪订单的物流状态直至客户签收，如图 4-3-1 所示。

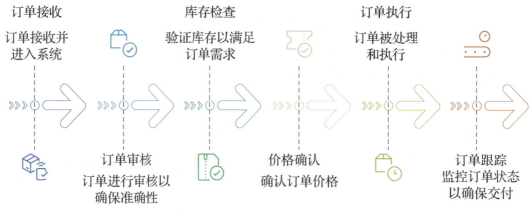

图 4-3-1　订单管理流程示意图

一、订单接收与订单审核

订单接收渠道主要包括电子商务平台、电话、邮件等。不同渠道各有特点，如电子商务平台订单管理自动化、信息标准化程度高，但系统故障可能引发订单遗漏或错误；电话订单能够及时与客户沟通，但信息记录可能存在误差；邮件订单则需要人工迅速查阅并处理。

在订单审核环节，关键要点在于客户信息的审核，确保客户姓名、联系方式、收货地址等信息的完整性和准确性，这对订单交付至关重要。

二、库存检查与价格确认

订单管理人员在接收到订单并审核通过后，通过企业的库存管理系统，查询所订商品的库存数量。库存充足时，继续订单管理流程；库存不足时，则迅速通知采购部门补货，或与客户协商解决方案。例如，推荐替代商品、说明预计补货时间等。在库存检查无误后，订单管理人员需要确认价格是否正确，从而防范因价格设置错误带来的经济损失。

三、订单执行

订单管理人员在完成库存检查和价格确认后，进入订单执行阶段，包括打印订单、拣货、包装等操作。拣货人员根据订单信息从仓库中选取相应的商品，包装人员要确保商品包装牢固、美观，并附上必要的单据，如发货清单、发票等。

四、订单跟踪

订单管理人员通过物流跟踪系统实时关注订单的物流状态，及时处理物流过程中出现的问题，如延迟、丢失等。当出现异常情况时，订单管理人员要及时与客户沟通，告知其解决方案和预计处理时间。客户收到商品后，可能会提出质量问题、退换货等需求。订单管理人员要建立完善的售后服务机制，及时响应客户诉求，按照企业的售后服务政策进行处理，以提高客户满意度和忠诚度。

📑 典型习题分析

1.（单选题）以下有关订单管理原则错误的是（　　　）。

A. 先收到的订单先处理　　　　　　　B. 优先处理承诺发货时间最早的订单

C. 先处理复杂订单，再处理简单订单　　D. 优先处理相同商品的订单

2.（单选题）订单是指在商业活动中，买家与卖家达成的关于商品或服务的（　　　）。

A. 合同　　　　　B. 要约　　　　　C. 文本　　　　　D. 资料

3.（单选题）一般而言，淘宝规定针对已付款的订单，卖家必须在（　　　）小时内完成发货处理。

    A. 12　　　　　　　　　B. 24　　　　　　　　　C. 36　　　　　　　　　D. 72

4.（单选题）正常订单管理的流程是（　　　）。

    A. 订单生成→订单管理→单据打印→订单配货→校验出库→打包封装→称重抽单→平台发货

    B. 订单生成→订单管理→订单配货→单据打印→校验出库→打包封装→称重抽单→平台发货

    C. 订单生成→订单管理→订单配货→校验出库→单据打印→打包封装→称重抽单→平台发货

    D. 订单生成→订单管理→订单配货→单据打印→校验出库→称重抽单→打包封装→平台发货

5.（单选题）对于库存显示无货的订单，可以通知客户（　　　）。

    A. 只能换货　　　　　　　　　　　　B. 只能退款

    C. 换货或退款均可　　　　　　　　　D. 关闭订单

6.（单选题）订单取消后，系统应（　　　）处理相关库存。

    A. 自动恢复　　　　　　　　　　　　B. 手动恢复

    C. 不作处理　　　　　　　　　　　　D. 标记为异常

7.（单选题）订单处理的本质其实是处理信息流、资金流和（　　　）。

    A. 商流　　　　　　　　　　　　　　B. 钱流

    C. 工作流　　　　　　　　　　　　　D. 物流

8.（多选题）以下（　　　）情况可能导致订单无法按时发货。

    A. 库存不足　　　　　　　　　　　　B. 物流延误

    C. 系统故障　　　　　　　　　　　　D. 客户信息错误

    E. 天气影响

9.（判断题）对于拍下未付款的订单，通常2天系统就自动关闭订单了。　　　　　　（　　　）

10.（判断题）客户拍下订单后，联系客服取消订单，客服可以取消订单。　　　　（　　　）

培训课程 4　客户管理

　　客户关系管理，是一种以客户为中心的经营策略，通过运用信息技术和数字化工具，高效地管理客户信息，旨在增强客户满意度与忠诚度，从而为企业带来更大的价值。从本质上讲，CRM（Customer Relationship Management，客户关系管理）不仅仅是一套软件系统，更是一种贯穿企业各个业务环节的管理理念和运营模式。它促使企业以客户视角审视业务流程，优化资源配置，力求与客户实现深度互动，达成长期合作与共赢的局面。

　　CRM 主要内容包括客户信息管理、客户关怀与售后服务、客户价值分析与分类，从而实现提升客户体验与企业效益的目标，如图 4-4-1 所示。

图 4-4-1　CRM 主要内容

一、客户信息管理

　　客户信息管理涉及从多渠道收集客户各类信息，建立全面的客户信息库，并进行妥善管理与存储，为后续的分析与服务提供强有力的数据支撑。客户信息管理主要包括三个模块：客户信息收集、客户信息管理、客户信息存储。客户信息管理流程如图 4-4-2 所示。

图 4-4-2　客户信息管理流程

（一）客户信息收集

　　客户信息收集的渠道除线上平台（官网、电子商务平台等）、线下门店、调查问卷、客服沟通外，还可以利用社交媒体平台（微博、微信等）。在线上平台，企业可以通过网站分析工具、电子商务平台后台数据等收集客户的浏览记录、购买记录、收藏夹信息、加入购物车但未购买的商品信息等；线下门店可以通过会员制度、消费小票等方式收集客户信息，还可以在消费过程中询问客户的物流偏好等；企业可以设计具有针对性的问题调查问卷，深入了解客户的需求和意见；客服沟通过程中则可以实时记录客户的反馈和投诉，同时留意客户在评价中提到的关键词。

以电子商务运营为例，化妆品企业可以通过微博话题互动、微信公众号留言等方式收集客户对新品的期待、对现有商品的使用感受等信息。电子商务平台能够收集客户的物流偏好信息，包括是否偏好特定快递公司、是否倾向于送货上门或自提服务，同时，平台也会关注客户的评价关键词，诸如"质量好""发货迅速""包装细致"等正面反馈，或"质量不佳""物流迟缓""客服态度待改善"等负面评价，从而为后续的服务优化提供明确的方向。

（二）客户信息整理

客户信息整理通过建立客户信息数据库，对信息进行分类、更新与维护，确保信息准确、完整、及时。除按新客户、老客户、潜在客户分类外，还可以按客户购买行为分类，如冲动型购买客户（购买决策时间短，易受促销活动影响）、理性型购买客户（购买前会进行大量比较和研究）。在分类的基础上，企业要定期对客户信息进行更新和补充，及时删除无效信息，保证数据库的准确性和有效性。同时，企业要建立严格的信息安全管理制度，防止客户信息泄露。

通过使用如 Excel、Python、Power BI 工具及专业电子商务数据分析工具等，电子商务平台能够深入分析客户信息。例如，通过行业趋势分析、品牌销售分析、店铺销售分析和商品销售分析等维度，来预测客户的购买周期和下一次购买时间，从而提前进行个性化的营销推荐。以酒店为例，将客户分为新入住客户、常住客户、会员客户等不同类别，针对不同类别的客户提供差异化的服务。对于新入住客户，提供欢迎礼包和免费早餐；对于常住客户，给予积分奖励和优先预订权；对于会员客户，提供升级房型、延迟退房等专属服务。

（三）客户信息存储

客户信息可采用本地服务器存储、云端存储等方式。本地服务器存储方式安全性高但成本高，维护复杂；云端存储方式便捷且成本低，但要注意数据安全加密。在选择存储方式时，企业要根据自身的实际情况和数据安全需求进行综合考虑。本地服务器存储和云端存储对比见表4-4-1。

表 4-4-1　本地服务器存储和云端存储对比

存储方式	优点	缺点
本地服务器存储	安全性高，数据可控	成本高，维护复杂，需要专业技术人员
云端存储	便捷，成本低，可扩展性强	需关注数据安全加密，依赖网络

二、客户价值分析与分类

（一）价值分析

RFM 模型是一种被广泛应用的客户价值分析工具，通过对最近一次购买时间（Recency）、购买频率（Frequency）、购买金额（Monetary）三个维度的数据进行量化分析，评估客户价值。以电子商务数据为例，最近一次购买时间可根据客户在电子商务平台上最后一次购买商品的时间距离当前时间的天数来计算；购买频率可统计客户在一定时间段（如一年）内在平台上的购买次数；购买金额则是指该时间段内客户在平台上购买商品所累积的总金额。应用 RFM 模型进行分析主要有 5 个步骤，即客户价值分析、收集客户交易数据、计算 RFM 值、根据阈值分类客户、制定针对性策略。客户价值分析流程图如图 4-4-3 所示。

图 4-4-3　客户价值分析流程图

在收集客户交易数据时，要确保数据的准确性和完整性；计算 RFM 值时，要根据企业的实际情况设定合理的计算方法和权重。

（二）客户分类

根据价值分析，可将客户分为高价值客户、中价值客户、低价值客户。高价值客户是指购买金额高、购买频率高，能为企业贡献较大利润的客户群体。中价值客户是指购买金额、频率及利润贡献处于中等水平，尚未达到高价值客户标准，但具备一定消费潜力或复购可能性较大的客户群体。低价值客户是指购买金额低、频率低，对企业利润贡献较小，甚至可能因服务成本高于收益而成为"负价值"的客户群体。他们可能是潜在客户、一次性消费者或即将流失的客户。例如，在服装电子商务行业，对于高价值客户的划分标准可以是：最近 30 天内有购买行为、购买频率为一年 10 次以上、购买金额累计达到 2 000 元以上。在制定针对性策略时，企业需深入了解不同类型客户的独特特点和实际需求，从而提供量身定制的服务和精准有效的营销方案。例如，企业为高价值客户提供专属电子商务优惠券（如满 1 000 元立减 500 元）、新品优先购买权及个性化服装推荐等服务；对于中价值客户，给予定期的折扣优惠（如全场 8 折）、积分加倍活动；对于低价值客户，推送低价促销商品信息，引导其尝试购买更高价值的商品。

三、客户关怀与售后服务

（一）客户关怀

客户关怀能增强客户对品牌的认同感与归属感，有效提升客户忠诚度，促进客户重复购买和主动推荐，为企业带来稳定的客源和良好的口碑传播，在巩固现有客户关系的同时，助力开拓新客户群体，进而推动企业业务持续增长。企业通过发送生日与节日问候、依据客户偏好推送新品信息、为特定客户提供专属优惠、利用社交平台互动关怀等手段，提升客户关怀度。客户关怀方式的具体内容与目的见表4-4-2。

表4-4-2　客户关怀方式的具体内容与目的

关怀方式	具体内容	目的
生日、节日问候	及时发送祝福短信、电子贺卡等	增强客户的归属感和忠诚度
新品推荐	根据客户偏好推送新品信息	通过分析客户的购买历史和浏览记录，了解客户的偏好，精准推送新品信息
专属优惠	为高价值客户提供专属折扣、赠品等，如专属的电子商务优惠券	针对高价值客户，给予一定的优惠和特权，能够提高客户的满意度和忠诚度
利用社交平台互动关怀	基于用户在社交媒体的行为数据与其进行友好互动，如根据客户历史消费偏好推送相关内容	增强客户的归属感和忠诚度

（二）售后服务

在电子商务行业中，售后服务至关重要，它直接影响着客户的购物体验和店铺的口碑，是提升客户满意度、塑造企业良好形象、降低客户流失率的关键环节，良好的售后服务可以为企业赢得长期稳定的市场竞争力，主要包括退换货处理、投诉处理、物流问题处理等内容，具体内容见表4-4-3。

表4-4-3　售后服务项目及具体内容

服务项目	具体内容
退换货处理	（1）建立清晰明确的退换货政策，提供如7天无理由退换货服务。 （2）收到申请后24小时内确认信息，提供退货地址、寄回方式等指引。 （3）收到退货商品后快速验收，符合标准的在3~5个工作日内完成退款或换货操作，并及时通知客户结果

服务项目	具体内容
投诉处理	（1）搭建高效渠道，在店铺首页设立投诉入口，确保客服热线、在线客服等渠道畅通。 （2）接到投诉1小时内与客户联系，了解问题详情。简单问题当场解决，复杂问题告知预计解决时间并跟进。 （3）问题解决后3天内回访客户，询问满意度。 （4）利用电子商务平台评价管理功能，及时、诚恳地回复差评
物流问题处理	（1）与可靠的物流公司合作，实时跟踪物流信息。 （2）出现物流延迟、包裹丢失或损坏等问题，主动与物流公司沟通协调。 （3）及时告知客户物流异常情况，提供如商品补发、协助索赔等解决方案。若包裹丢失，则第一时间通知客户并办理补发，告知新物流单号和预计送达时间

典型习题分析

1.（单选题）（　　　）指通过信息技术，把营销、客户服务等加以整合，为顾客提供量身定制的服务，以提高顾客服务品质，并增进顾客满意度与忠诚度，达成提升企业经营效益目标。

A. CRM　　　　　　B. ERP　　　　　　C. Blog　　　　　　D. Flickr

2.（单选题）客服通过（　　　）了解店铺内近期的优惠促销活动。

A. 商品信息　　　　B. 店铺活动　　　　C. 他人告知　　　　D. 自己学习

3.（单选题）处理客户投诉时，（　　　）做法最符合CRM理念。

A. 拖延回复　　　　B. 立即回应　　　　C. 推卸责任　　　　D. 忽视反馈

4.（单选题）客户的订单有效但是尚未付款，以下处理方法错误的是（　　　）。

A. 征得客户同意后取消客户原来的订单，请客户重新提交一次订单

B. 直接取消订单

C. 请客户与客服部联系改用其他支付方式

D. 主动联系客户并催促客户尽快支付

5.（多选题）在线服务客户的主要工具有（　　　）。

A. 电话　　　　　　B. 短信　　　　　　C. EDM　　　　　　D. SNS

E. E-mail

6.（多选题）下列客服对不利评价的解释中，不恰当的是（　　　）。

A. 客服A因顾客要求退款未果而给差评，公布顾客信息指责讹诈

B. 客服B对尺码误差的解释，称符合国家标准误差范围

C. 客服C对快递速度和服务的回应，称快递非店铺经营，请求买家理解

D. 客服D对价格评价的回应，强调"一分价一分货"，建议选择其他店铺

E. 客服 E 对服务态度差的回应，解释因忙碌而未能提供良好服务

7.（多选题）以下行为中有助于提升客户忠诚度的是（　　　　）。

A. 为老客户提供专属的折扣和优惠活动

B. 定期对客户进行回访，了解客户使用商品后的体验和需求

C. 当客户投诉时，快速响应并解决问题，同时给予一定的补偿

D. 不管客户咨询什么问题，都直接推荐利润最高的商品

E. 为客户提供个性化的商品推荐和服务方案

8.（判断题）作为客服在接待客户时，第一句话的回复非常重要，回复得不合适会降低店铺的服务品质，影响成交率。　　　　　　　　　　　　　　　　　　　　　　（　　　）

9.（判断题）客户拍下订单，客服可自行修改订单中的收货地址。　　　　　　（　　　）

10.（判断题）当客户反馈商品出现小瑕疵，但不影响主要功能使用，客服直接告知客户这是正常现象，无须理会，这种处理方式符合 CRM 中以客户为中心的理念。　（　　　）

实操篇

电子商务考核系统概述

一、认证基础操作

考核系统会随机抽取 5 个题目，单击"开始答题"按钮进入系统，考生在系统中完成操作，系统自动评分，如图 5-1-1 所示。

图 5-1-1　考试抽题界面

进入系统后，会自动出现五道考题。考试时建议将题目先复制到 Word 文档中，再进入系统进行操作。同时考虑到网页兼容性问题，建议使用 Google Chrome（谷歌浏览器）。

二、四大技能模块

该系统涵盖了四大技能模块：B2B2C、ERP、CRM 及网络营销。

B2B2C（Business to Business to Consumer）：买卖双方的交易平台，买家购买商品和卖家店铺管理等都在此平台进行。

ERP（Enterprise Resource Planning）：企业资源计划，包括供应商管理、采购管理、订

单管理、仓储管理、配送管理、库存管理、退换货管理等功能。

CRM：客户关系管理，主要进行会员设置、客户营销、客户关怀等操作。

网络营销：在网络营销平台，可进行商业新闻媒体、调查问卷管理、邮件列表管理、搜索引擎广告管理、文字广告管理、商业新闻管理等操作。

技能课程 1　B2B2C

B2B2C 是一个仿真交易平台，考生在平台上完成卖家和买家的基础操作，卖家角色的操作主要集中于"卖家中心"，而买家角色则需模拟购物流程。

一、店铺管理

店铺管理主要完成开设店铺、子账号管理、快递模板设置等操作。

（一）开设店铺

进入系统后，依次单击"B2B2C"—"卖家中心"按钮，系统会提示"尚未开店"，然后进入店铺开设页面，如图 5-2-1 所示。

图 5-2-1　店铺开设页面

请按照题目要求，仔细填写店铺相关信息，其中"经营类型 / 类目"是考核的重点。

特别提示： 有考题要求"为运动鞋公司设置短域名"；具体操作：填写短域名信息，随意填写字段含 sport 即可。

（二）子账号管理

单击"商家店铺管理"栏目下的"子账号管理"按钮，即可进入子账号管理页面。

（1）新增客服。单击"新增客服"按钮，在弹出的"新增客服"对话框中，按要求填写客服名称、权重、角色后，单击"确定"按钮即可新增客服并设置分流权重，如图 5-2-2 所示。

图 5-2-2　新增客服

（2）新增回复语句。单击"新增回复语"按钮，在弹出的"新增回复语"对话框中，按要求填写回复语，即可完成操作，如图 5-2-3 所示。

图 5-2-3　新增回复语

（三）快递模板设置

（1）新增快递模板。在"商家店铺管理"栏目下，单击"快递模板设置"按钮，然后单击"新增模板"按钮，在弹出的"新增模板"对话框中，按要求填写运费模板名称，如图 5-2-4 所示。

图 5-2-4　新增快递模板

（2）设置地区和费用。按要求填好运费模板名称后，单击旁边的"地区设置"按钮，在弹出的"地区设置"对话框中，勾选所需地区前的复选框并填写此地区的首重和续重费用。如果要设置其他地区的运费，那么重复刚才的操作，如图 5-2-5 所示。

图 5-2-5　设置地区和费用

特别提示： 有考题要求"将'全通模板'设置为默认模板，本系统没有专门的设置按钮"；具体操作：新建一个快递模板，名称为"全通模板"，不勾选地区和金额。

二、商品管理

商品管理主要包括商品分类管理、商品发布、商品上下架等功能。

（1）商品分类管理。在"店铺商品管理"栏目下，单击"发布商品分类"按钮，进入分类基本设置页面，按要求填写分类名称和分类排序，保存后即可完成操作，如图 5-2-6 所示。

图 5-2-6　商品分类管理

为了避免错误，考试时使用复制、粘贴的方式将题目中的分类填写至"分类名称"。分类排序用数值表示，越小表示展示越靠前。

（2）商品发布。单击"发布商品"按钮，进入商品发布设置页面，按要求逐一填写商品分类、商品名称、商品价格、商品库存等详细介绍参数，上传商品图片。对于题目未明确要求的信息，可选择留空或根据个人需求自定义填写，如图 5-2-7 所示。

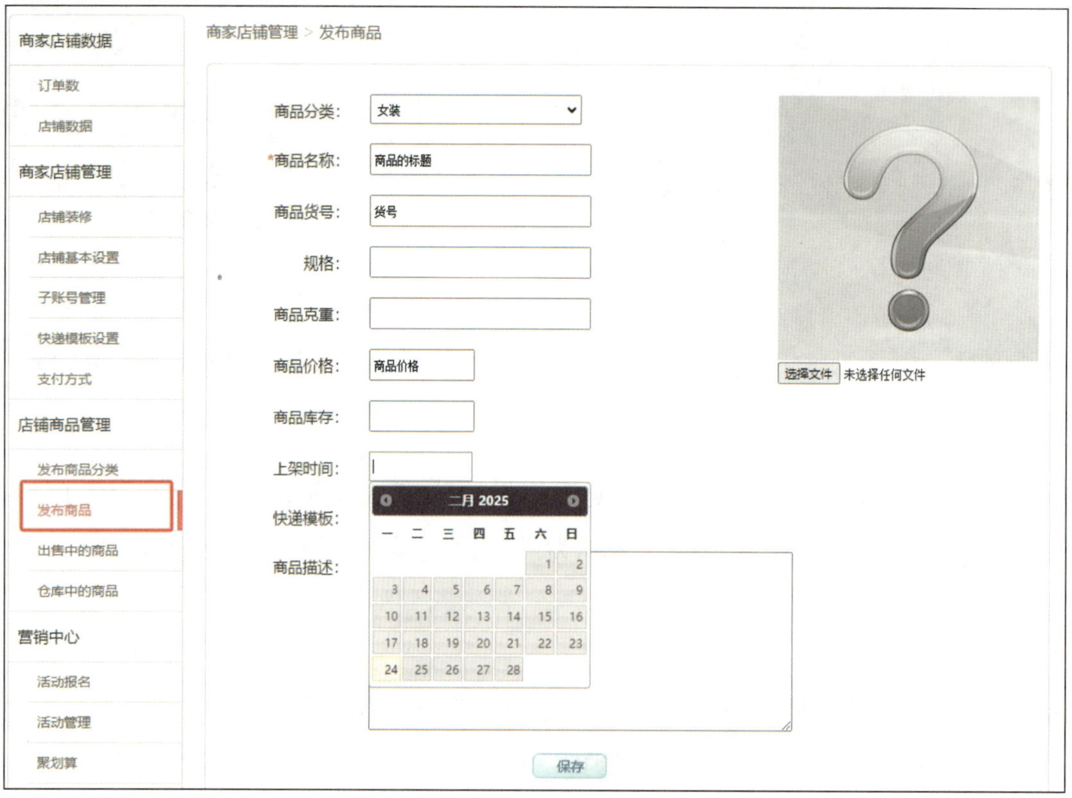

图 5-2-7　商品发布

特别提示： 有考题要求"设置'立即上架'"；具体操作：将上架时间设置小于当前时间，商品价格应为题干中的"原价"。

（3）商品上下架。单击"出售中的商品"或"仓库中的商品"按钮，进入商品列表页面，按要求可进行编辑、下架和删除操作，如图5-2-8所示。

图 5-2-8　商品上下架

三、活动管理

活动管理主要指店铺自营活动设置，包括全场折扣、单品折扣、全场满减、优惠券等活动。单击"营销中心"栏目下的"活动管理"按钮，可以看到常见的店铺活动，如图5-2-9所示。

图 5-2-9　店铺活动管理设置页面

（一）"全场折扣"活动

单击"全场折扣"活动中的"创建活动"按钮，在弹出的"全场折扣"对话框中，按要求填写活动名称、折扣力度及有效时间等信息，如图5-2-10所示。

图 5-2-10　设置"全场折扣"活动

（二）"单品折扣"活动

单击"单品折扣"活动中的"创建活动"按钮，在弹出的"单品折扣"对话框中，按要求填写商品名称或货号、活动价格及有效时间等信息，如图 5-2-11 所示。

图 5-2-11　设置"单品折扣"活动

（三）"全场满减"活动

单击"全场满减"活动中的"创建活动"按钮，在弹出的"全场满减"对话框中，按要求填写活动名称、使用条件及有效时间等信息，如图 5-2-12 所示。

图 5-2-12 设置"全场满减"活动

（四）"优惠券"活动

单击"优惠券"活动中的"创建活动"按钮，在弹出的"优惠券"对话框中，按要求填写名称、面额、使用条件、有效时间、发行量、每人限领数量等信息，"折扣力度"一栏不用填写，如图 5-2-13 所示。

图 5-2-13 设置"优惠券"活动

特别提示： 有考题要求"设置 20 元无限制优惠券"；具体操作：设置优惠券面额为 20 元，满 0 元使用。

在优惠券板块中的"营销中心"栏目下，单击"团购管理"按钮，即可跳转至"新建团购"页面。上传商品主图后，复制所需商品的链接并粘贴至"链接地址"栏，接着按要求填写团购价格和团购数量，最后单击"确定"按钮，即成功新建团购，如图 5-2-14 所示。

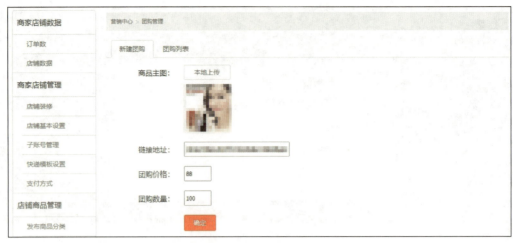

图 5-2-14　新建团购

通过选择"活动列表"选项卡，用户可轻松查阅所有已创建的活动，便于自行验证活动的添加状态，如图 5-2-15 所示。

图 5-2-15　活动列表页面

四、广告管理

广告管理部分包括竞价广告和图片广告，是电子商务运营推广专项认证考试非常重要的考点。考试题目一般为：根据题目给出的已知条件，判断投放哪种广告更合适，并在系统中完成相应操作。因为此类题型会涉及数据的分析和处理，后续专题课程会专门讲解，本部分主要介绍竞价广告和图片广告的常规操作。

（一）竞价广告

1. 竞价广告充值

单击"营销中心"栏目下的"竞价广告"按钮，进入竞价广告管理页面，如图 5-2-16 所示。

图 5-2-16　竞价广告管理页面

单击"充值"按钮，在弹出的"充值"对话框中，按要求输入充值金额，选择支付方式，即可对账户进行充值操作，如图5-2-17所示。

图 5-2-17　竞价广告充值

特别提示：充值金额必须和题目要求的金额一致，若不小心多充值了，可以采用充值"负数金额"的方式进行抵扣。如要求充值5 000元，实际充值了6 000元，可以进行第二次充值操作，充值金额为"-1 000"。若题目中未要求充值的支付方式，则可以随意选择。

2. 新建竞价广告

在竞价广告管理页面，单击"新建竞价广告管理"按钮，选择要推广的宝贝，按要求填入产品关键词、每个点击价格、广告标题和广告日预算等信息，单击"确定"按钮，即可完成竞价广告的新建，如图5-2-18所示。

图 5-2-18　新建竞价广告

特别提示：题目中一般给的是每个月的预算，每个月按照 30 天计算，广告的日预算需要用总预算除以 30。

（二）图片广告

1. 图片广告充值

和竞价广告充值操作方式一样，单击"营销中心"栏目下的"图片广告"按钮，进入图片广告管理页面，单击"充值"按钮，在弹出的"充值"对话框中，按要求输入充值金额，选择支付方式，即可对账户进行充值操作，如图 5-2-19 所示。

图 5-2-19　图片广告充值

2. 新建图片广告

在图片广告管理页面，单击"新建图片广告管理"按钮，选择要推广的宝贝并上传主图，按要求填写价格、广告标题及广告日预算，最后单击"确定"按钮，即可完成图片广告的新建，如图 5-2-20 所示。

图 5-2-20　新建图片广告

五、商品店铺数据

（1）订单查询与发货。单击"商家店铺数据"栏目下的"订单数"按钮，进入订单管理页面，可以查看订单情况，并对订单进行编辑、发货、取消订单及同步 ERP 操作，如图 5-2-21 所示。

图 5-2-21　订单查询与发货

（2）查看店铺数据。单击"商家店铺数据"栏目下的"店铺数据"按钮，即可进入店铺数据页面，该页面展示了经营概括、流量分析、交易分析等方面的数据，如图 5-2-22 所示。

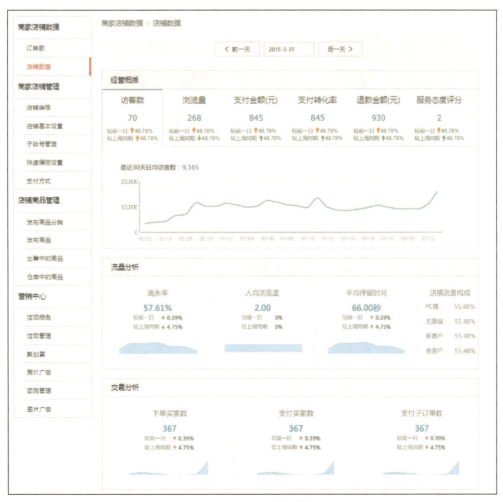

图 5-2-22　查看店铺数据

六、买家购买流程

进入"我淘"首页，在搜索框中输入需要购买的商品关键词，如"帆布包"，如图 5-2-23 所示。

图 5-2-23　搜索商品

单击搜索结果中的商品主图，即可进入该商品的详情页面，如图 5-2-24 所示。

图 5-2-24　商品详情页

单击"购买"按钮，商品会被自动加入购物车，如图 5-2-25 所示。

图 5-2-25　购物车

选择商品并单击"去付款"按钮，系统会要求输入收货信息，按要求输入收件人相关信息后，单击"保存"按钮即可，如图 5-2-26 所示。

图 5-2-26　新增收货地址

收货地址添加完成后，再次单击首页中的"我的购物车"按钮进入购物车页面，选中商品后，单击"去付款"按钮，然后单击"提交订单"按钮，如图 5-2-27 所示。

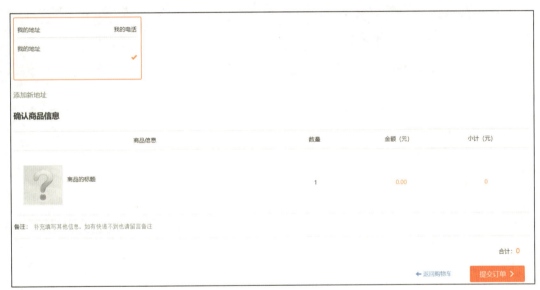

图 5-2-27　提交订单

提交订单后，任意选择一种付款方式，最后单击"确认付款"按钮，系统会提示"您已成功付款"，整个交易流程完成，如图 5-2-28 所示。

图 5-2-28　交易成功

技能课程 2　ERP

ERP 系统的功能比较多，如采购管理、出入库管理、仓储管理、库存管理等，在电子商务运营推广专项认证考试中，主要考点有配送管理和库存管理。

一、配送管理

单击 ERP 系统下的"配送（物流）管理"按钮进入配送管理页面，按要求完成配送规则设置，如图 5-3-1 所示。

图 5-3-1　配送规则设置

特别提示： 规则设置完成后可以进行编辑和删除。设置地区时，单击"添加"按钮后仅显示"全国"的选项，如果需要添加具体的省份，那么需要手动输入。

二、库存管理

库存管理的操作相对简单，需要根据题目给定的条件设置库存显示比例和库存底限，如图 5-3-2 所示。

图 5-3-2　库存设置

样题展示：公司目前的商品"智能体重秤"（货号：TC1001）有 2 000 件库存。今天收到通知，某平台近期将举办一个团购活动，预估销售量为 1 500 件。为了在团购活动前继续销售该商品，且保证该商品在团购前有足量的库存，请根据团购活动的预估销售量，在 ERP 平台设置智能体重秤的库存，并设置库存显示比例及库存底限。

【解题思路】

团购的预估销售量是 1 500 件，说明在团购活动开始之前最多可以销售 500 件商品，库存底线为"500"，显示比例为"1%~5%"。

在实际操作中，若"库存管理"模块内缺少商品信息，则需在 ERP 系统内添加相应商品信息。

技能课程 3　CRM

CRM 系统主要包括会员设置、客户营销等功能。

一、会员设置

会员设置都是在 CRM 的"设置"菜单下完成的，"设置"菜单主要包括三个功能：会员级别设置、会员种类设置、关怀种类设置。

（一）会员级别设置

选择"会员级别设置"选项卡，然后单击"新增等级"按钮，在弹出的"新增等级"对话框中，按要求填写会员等级、最低购买次数、最低客单价、最低总金额、折扣等信息后，单击"确定"按钮即成功新增会员等级，如图 5-4-1 所示。

图 5-4-1　新增会员等级

（二）会员种类设置

选择"会员种类设置"选项卡，单击"新增种类"按钮，在弹出的"新增种类"对话框中，按要求填写会员种类、最低购买次数、最低客单价、购买时间差及会员价值等信息，随后单击"确定"按钮即成功新增会员种类，如图 5-4-2 所示。

图 5-4-2　新增会员种类

（三）关怀种类设置

选择"关怀种类设置"选项卡，单击"新增关怀种类"按钮，在弹出的"新增关怀种类"对话框中，按要求填写名称信息后，单击"确定"按钮即成功新增关怀种类，如图 5-4-3 所示。

图 5-4-3　新增关怀种类

二、客户营销

在"营销设置"选项卡下单击"新建"按钮，进入营销活动设置。按要求完善营销名称、日期、对象、类型选择（邮件、短信、微信）、内容、是否重复、频率设置等信息后，单击"确定"按钮即可新建营销活动。新建营销活动后还可以对该活动进行编辑、修改及删除，如图 5-4-4 所示。

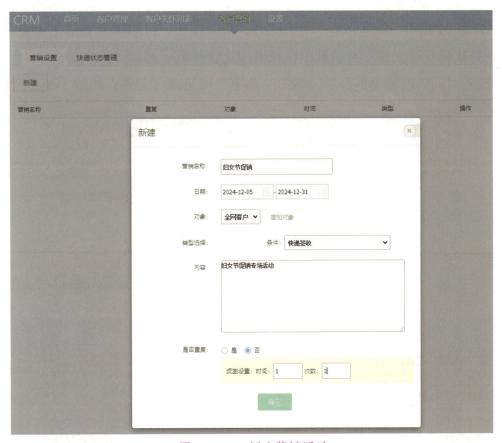

图 5-4-4　新建营销活动

技能课程 4　网络营销

　　单击首页的"设置"菜单进入网络营销模块的后台，主要包括商业新闻管理、调查问卷管理、邮件列表管理、搜索引擎广告管理、文字广告管理、商业新闻媒体等功能，如图5-5-1所示。

图 5-5-1　网络营销后台

一、商业新闻管理

　　在"商业新闻管理"选项卡下，单击"写文章"按钮，可添加商业信息、商业新闻或广告案例。在弹出的"写文章"对话框中，按要求完善标题、类型（商业信息、商业新闻、广告案例）、投放时间、内容等信息后，单击"确定"按钮即可完成，如图5-5-2所示。

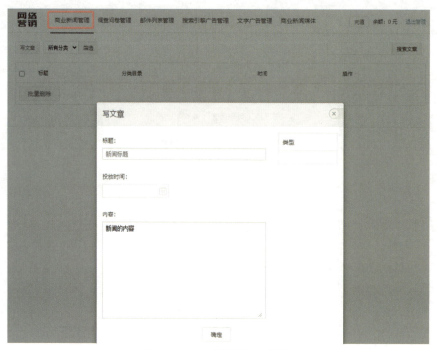

图 5-5-2　新增商业新闻

添加商业信息、商业新闻或广告案例后，可以在列表中分类筛选显示或搜索文章操作，也可以对个别文章进行修改或删除，还可以对文章进行批量删除。

二、调查问卷管理

在"调查问卷管理"选项卡下，单击"新建"按钮，在弹出的"新建"对话框中，按要求填写问卷标题，如图 5-5-3 所示。

图 5-5-3　设置问卷标题

填好问卷标题后，单击"添加问题"按钮，在弹出的"添加问题"对话框中，按要求填写问题、选择题型（单选题、多选题、填空题）、添加选项、填写选项文字，单击"发布"按钮，即可进行问题的发布，并返回新建问卷的首页。添加成功的问题还可以进行编辑和删除操作，如图 5-5-4 所示。

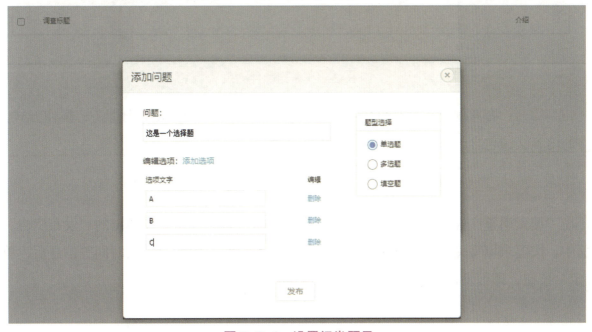

图 5-5-4　设置问卷题目

继续添加问题，重复上述步骤直至添加完整个问卷的问题后，单击"发布"按钮，进行问卷的发布，对已发布的问卷可以进行查看和删除操作。

三、邮件列表管理

在"邮件列表管理"选项卡下，单击"新建"按钮，在弹出的"新建"对话框中，按要求选择类型（短信、邮箱、微信），填写发件人、收件人、主题、内容等信息，完成后单击"确定"按钮，即可新增邮件，如图 5-5-5 所示。

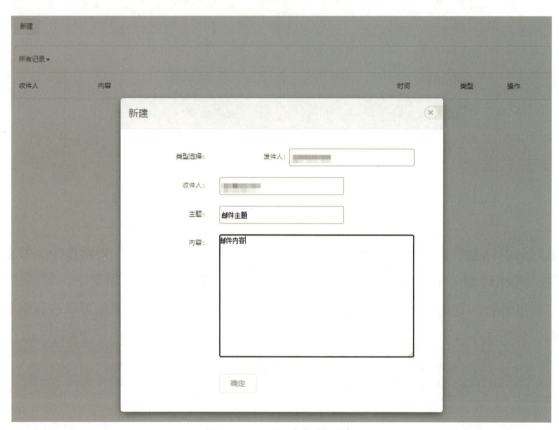

图 5-5-5　新建邮件列表

特别提示： 有考题要求"邮件中必须含有商品的已发布商品链接地址"；操作方式为：邮件的内容必须包含"已发布商品链接地址"文字。

四、搜索引擎广告管理

在"搜索引擎广告管理"选项卡下，单击"发布广告"按钮，在弹出的"发布广告"对话框中，按要求填写关键词、链接、点击（元/CPM）、每日限额、投放时间等信息后，单击"确定"按钮，即可发布关键词广告，如图 5-5-6 所示。

图 5-5-6　新增搜索引擎广告

五、文字广告管理

在"文字广告管理"选项卡下，单击"发布广告"按钮，在弹出的"发布广告"对话框中，按要求填写关键词、链接、费用（元／月）、投放时间、内容等信息后，单击"确定"按钮，即可发布文字广告，如图 5-5-7 所示。

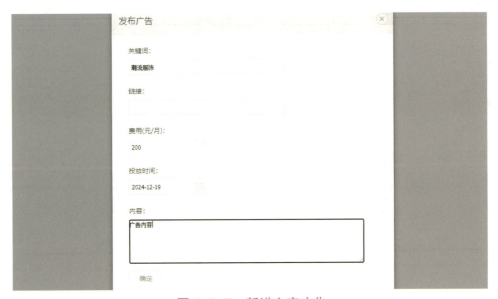

图 5-5-7　新增文字广告

六、商业新闻媒体

在"商业新闻媒体"选项卡下，单击"发布广告"按钮，在弹出的"发布广告"对话框中，按要求填写广告词、费用（元／月）、投放时间、内容等信息后，单击"确定"按钮，即可发布商业新闻媒体广告，如图 5-5-8 所示。

图 5-5-8　新增商业新闻媒体广告

七、网络营销前台

网络营销前台模块主要包含查看商业信息、商业新闻、广告案例、关键词广告和参与问卷调查填写等功能。

以填写问卷为例，在首页中找到问卷调查，单击所要参与的问卷进行问题填写，如图5-5-9所示。

图 5-5-9　填写问卷

数据分析专题

电子商务运营推广专项认证考试中，有部分题型需要对题目给定的电子商务运营数据进行分析计算，从而确定最优的运营策略。考试中涉及转化率、点击率、客单价、利润率等常见运营数据的分析。

一、电子商务常见运营指标

电子商务运营的核心在于通过深入的数据分析来优化运营策略。电子商务常见运营指标见表 5-6-1。

表 5-6-1　电子商务常见运营指标

指标分类	指标名称	定义	公式
流量相关指标	访客数（UV）	独立访问店铺或商品页面的用户数量	直接通过统计工具获取
	页面浏览数（PV）	用户浏览页面的总次数（同一用户多次浏览计为多次）	
	点击率	广告或链接被点击的次数与展示次数的比值	点击率 = 点击次数 / 展示次数 ×100%
转化相关指标	转化率	完成目标动作（如下单、注册）的访客占比	转化率 = 订单数 / 访客数 ×100%
	客单价（ARPU）	平均每个顾客的消费金额	客单价 = 总销售额 / 订单数
	加购率	将商品加入购物车的访客占比	加购率 = 加购次数 / 访客数 ×100%
客户价值指标	复购率	一段时间内重复购买的客户占比	复购率 = 复购客户数 / 总购买客户数 ×100%
库存与供应链指标	退货率	退货订单占总订单的比例	退货率 = 退货订单数 / 总订单数 ×100%
综合效率指标	成交总额（GMV）	一定周期内所有订单的总金额（含未付款订单）	
	投资回报率（ROI）	广告投入与销售额的比值	ROI= 销售额 / 广告投入
付费方式指标	单次点击成本（CPC）	单次点击所花费的广告成本	CPC= 广告费用 / 点击量
	千次展现成本（CPM）	每千次广告展现所花费的成本	CPM= 广告费用 / 展现量 ×1 000
	单笔成交成本（CPS）	每促成一笔成交所花费的广告成本	CPS= 广告费用 / 成交订单数

二、常见题型解析

题目 1：企业在某电子商务平台内对商品牛轧糖（货号：MZ0001）进行两种广告投放，各投入 2 400 元，投放效果：图片广告费用 20 元 /CPM，点击率 1.8%；竞价广告关键词"牛轧糖",1.2 元 / 点击。企业决定依照投放效果,对流量较大的广告方式,30 天内投入 2 700 元的广告费用;对流量较小的广告方式,30 天内投入 1 800 元的广告费用。请计算,两种广告投放方式,哪一种的访客数更多。

解题思路:流量即访客数。

(1)图片广告展现量 = 预算 /CPM 单价 × 1 000

$$= 2\ 400/20 × 1\ 000=120\ 000(次)$$

图片广告点击量 = 展现量 × 点击率

$$= 120\ 000 × 1.8\%=2\ 160(次)$$

(2)竞价广告点击量 = 预算 /CPC 单价

$$= 2\ 400/1.2=2\ 000(次)$$

结论:图片广告访客数更多(2 160>2 000)。

题目 2:某平台对近一个月的广告,尝试了两种广告投放方式。其中图片广告投入 2 000 元,费用 20 元 /CPM,点击率 2.5%,转化率 3%,客单价 100 元。竞价广告关键词"牛轧糖",投入 2 200 元,1.2 元 / 点击,转化率 4%,客单价 105 元。请根据以上数据,针对系统预设(如无,请自行添加)商品牛轧糖(货号:NZ0001),重新投放广告,为 ROI 较高的广告方式设置 3 000 元的广告预算,为 ROI 较低的广告方式设置 2 400 元的广告预算,计划 30 天内花完。请计算,两种广告投放方式,哪一种的 ROI 更高。

解题思路:ROI= 销售额 / 广告投入

(1)图片广告销售额 = 展现量 × 点击率 × 转化率 × 客单价

展现量 =2 000/20 × 1 000=100 000(次)

销售额 =100 000 × 2.5% × 3% × 100=7 500(元)

ROI=7 500/2 000=3.75

(2)竞价广告销售额 = 点击量 × 转化率 × 客单价

点击量 =2 200/1.2≈1 833(次)

销售额 =1 833 × 4% × 105≈7 699(元)

ROI=7 699/2 200≈3.50

结论:图片广告 ROI 更高(3.75>3.50)。